化学人的逻辑

顾春晖　著

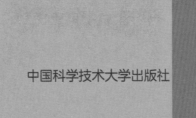

中国科学技术大学出版社

内 容 简 介

本书对海量的化学知识分析概括,从全新的视角将这些知识重新组合,旨在解释化学学科的内核是什么,总结化学学科背后有哪些底层逻辑,承载哪些思想与方法。本书为读者提供一套完整自洽的化学逻辑体系,无论未来是否从事化学工作,这些思维方式都会使读者终身受益。

本书适合具有一定基础的化学爱好者、有志于参加化学竞赛的高中生,抑或苦恼于化学体系的复杂又找不到头绪的学习者。

图书在版编目(CIP)数据

化学人的逻辑/顾春晖著. —合肥:中国科学技术大学出版社,2022.8(2025.1重印)

ISBN 978-7-312-04192-1

Ⅰ.化… Ⅱ.顾… Ⅲ.化学—普及读物 Ⅳ.O6-49

中国版本图书馆 CIP 数据核字(2022)第 106345 号

化学人的逻辑

HUAXUE REN DE LUOJI

出版	中国科学技术大学出版社
	安徽省合肥市金寨路 96 号,230026
	http://press.ustc.edu.cn
	https://zgkxjsdxcbs.tmall.com
印刷	安徽国文彩印有限公司
发行	中国科学技术大学出版社
开本	880 mm×1230 mm 1/32
印张	5.875
字数	143 千
版次	2022 年 8 月第 1 版
印次	2025 年 1 月第 4 次印刷
定价	29.80 元

前　言

老话说："学好数理化，走遍天下都不怕。"

据大学毕业的同学回忆，高考前夕简直是他人生智慧的巅峰——会解三角函数与微积分（数学），会对物体进行受力分析（物理），会设计复杂的工业流程（化学），俨然是一颗冉冉升起的学术新星。然而4年过去，基础学科知识却被时光消磨殆尽，仿佛中学老师从来没有在生命里出现过一样。

你学过的化学知识会成为你安身立命的本领吗？

大概率是想多了。我见过很多高中阶段痴迷化学的同学，发誓要为化学事业奋斗一生。笔者正是其中之一，并且最终有幸从事持续一生的化学教育工作。但并不是每个同学都幸运地保持了这份初心，浩浩荡荡的高中学子中，10年后能够真正从事化学相关职业的同学比例并不算高。笔者读高中时，全班50多人学习化学，但只有3人在本科选择了化学专业。如果高考必考科目并不代表兴趣，那么参加化学竞赛的选手们对化学不可谓不热爱，但这个比例最终也不超过三成。即使大学选择了化学专业，也有不少同学发现自己并不适合科研，或者直接被功利的"劝退浪潮"冲走。即使最后顺利毕业，相当一部分同学也会根据人才市场的需求选择应季火爆的热门岗位。按这个比例核算，你学过的化学知识大概率不会成为未来安身立命的本领。

既然这样，我们高中时代为什么还要学习化学，甚至参加化学竞赛呢？

"小时候我吃了很多东西，都记不清是什么了，但我知道它们中的一部分变成了我的骨和肉。"这句话阐述了青少年时期学习基础学科的重要性。化学学科的训练远远不是掌握学科知识那么简单直接，它对一个人的影响是长期且深远的。化学学科的训练能够塑造严谨的逻辑、正确的世界观、科学的方法论与合理处理问题的方式。

教育学家怀特海指出："当一个人把在学校学到的知识忘掉，剩下的就是教育。"最近流行的"大概念教学"本质就是将事实性知识、学科性概念转化为跨学科概念，甚至是哲学观念。比如，在化学定义中，酸碱性是 pH 与 7 相比较，化学平衡是 K 与 Q 相比较，反应自发性是 ΔG 与 0 相比较，溶液饱和性（饱和、不饱和、过饱和）是实际溶解质量与溶解度 S 相比较……实际上，这些概念都使用了定性与定量相结合的定义方法。这些定义与用 60 分决定是否通过考试、设计量化指标评奖评优等是一个道理。再比如，强酸制弱酸的反应规律、吉布斯自由能判据、原子核外电子排布规则这几个知识点看起来没有任何关系，但其本质都是能量最低原理。与俗话说的"枪打出头鸟""出头的椽子先烂""高处不胜寒"有着相似的哲学道理。

除了科学逻辑与方法，化学学科还告诉我们，完美的理论与规则不存在，与复杂的世界相比，再优秀的理论也有缺陷、近似与反例。我们应该接受、原谅甚至利用其中的不完美，并能够结合现实条件在"完美程度"与"方案复杂程度"之间寻求一个平衡与妥协，而不是站在理想制高点当"键盘侠"，对缺陷横加指责。即使在应试教育中，解化学题也有利于提升情商与理解他人意图的能力，并训练如何在时间与资源有限的情况下尽最大可能解决实际问题,得出最优解。

2011年是国际化学年,我顶着奥林匹克竞赛金牌得主的光环,成为了一名北京大学新生。同年,北京大学化学与分子工程学院在国家大剧院举办了"乐以化学"主题音乐会,我有幸登台演唱。开场曲目《化学是你,化学是我》重复着周其凤院士的提问:"化学究竟是什么?"靠着执着的提问与耿直的回答,这首歌曾被炒作为"网络神曲"。10年过后,我由当年的竞赛选手成长为化学教育工作者。虽然金牌得主的光环早已褪去,"神曲"的歌词也早被抛在脑后,但我一直未曾忘却周其凤院士的提问:化学究竟是什么?

结合一线选手的竞赛经历与不算很长的教学经验,我想在这本书中回答周其凤院士的提问,解释化学学科的内核是什么,学习化学能够收获什么,化学学科有哪些逻辑,承载着哪些思想与方法,并将"化学人的逻辑"上升到哲学、世界观与方法论的层面上。哪怕学生未来不从事化学相关工作,这些逻辑思想也能引导他们对世界、对社会有着正确的认识,并与他们所面临的实际工作融会贯通,获得全新的领悟能力与解决问题的方法。

本书适合具有高中化学基础的爱好者、有志于参加化学竞赛的高中生,以及苦恼于化学体系的复杂又找不到头绪的学习者。基于科普与入门的目的,书中的内容尽量避免使用长难句或专业晦涩的化学符号,复杂的论点都会使用类比的方式说明,并结合一些典型例题以便初学者可以理解。值得注意的是,本书以逻辑思想为主题,并不会详细介绍每个知识模块,若想系统地学习,必须阅读相应的专业教科书。笔者希望本书能作为"药引"与"梯子",帮助初学者顺利读懂大学课本,并将课本中的知识串联起来,帮助读者们建立一套较为完善与自洽的化学逻辑。

　　本书中很多观点都是笔者的一家之言，仅供参考。笔者水平有限，书中的笔误与不妥之处在所难免，在此为书中未能避免的错误提前致歉，希望读者能够包涵、批评与指正。

顾春晖

2022 年 5 月

目　录

1

事实与理论——化学学科的结构

化学学科的主线无非两点内容:化学事实和化学理论。

1.1　化学事实

俗话说:"事实胜于雄辩。"化学事实是化学学科的基础。就算逻辑无懈可击,理论完整自洽,但如果理论与事实发生冲突,那么理论一定存在错误,至少有一部分缺失或不完整。动漫《名侦探柯南》中常说:"真相永远只有一个。"这充分说明了客观事实的唯一性与排他性。

既然化学事实这么重要,那么我们如何掌握化学事实呢? 我认为对待事物要有"格物致知"的态度。在化学中,就是通过化学实验得到"一手"的化学知识。不过,做实验有两个缺点:首先是速度太慢,耗费精力;其次是有中毒、爆炸等安全隐患。相信大家也不愿意事必躬亲。幸好我们还可以从书籍中学习前辈的经验,获取"二手"的化学知识。"二手知识"有几个明显的好处:它能够在短时间内为你输送大量的信息,安静温暖的教室也会保护你免受各种化学物质的毒害。但是,学习"二手知识"很大程度上靠记忆,这也是化学入门的必由之路。

许多化学老师都反感自己的学科被称为"理科中的文科",所以会有意无意地忽略记忆与背诵在化学事实学习中的作用。其实我们要意识到机械记忆在前期学习中的重要性。比如元素名称、元素符号、常见化合价、物质的俗名等必须靠记忆,因为这些知识大多没什么逻辑性,或者无法迅速被理解、消化与吸收。我的经验是,哪怕要构建一套最简单的理论体系,也需要在脑海中熟练掌握60~80个原型方程式。如果没有这些,化学理论不过是失去基础的空中楼阁。这好比我们小时候背诵古诗一样,并不理解其中的意境,但被父母、老师逼迫着也背下来了。随着阅历的增加,很多意境自然就明白了。如果总想着先理解意境再去背诗,反而脑子里留不下几首诗。

自然学科的学习要站在巨人的肩膀上,如果不肯与巨人使用一样的语言,后面的知识肯定没办法去学。实际上,化学事实的表达与语言表达有很多相似性。

我们都学过英语。英语的基本单元是字母,而100多种化学元素就像26个英文字母(常用元素也只有20多种),它们是化学表达的基本单元。我们从字母表中挑出来几个字母,将其排列组合就能构成单词(一级结构),而化合物可以看作元素的排列组合,与单词相似。接着,将单词组合可以获得句子(二级结构),而将化学式组合可以得到化学方程式,这也是描述化学反应最常见的方式。最后,若干有联系的句子可以组合成一篇有思想的故事(三级结构),同样,若干有联系的化学方程式可以描述一个化学实验或化工流程,它的核心也是一个用化学语言写成的故事(图1.1)。

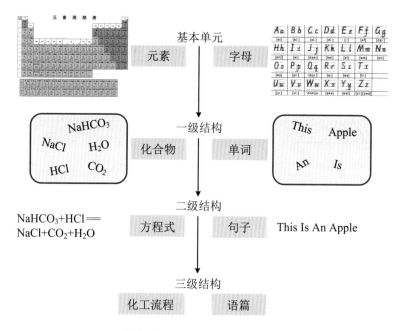

图 1.1　化学事实的表达与英语表达的相似性

1.2　化学理论

　　化学理论分经验主义与理性主义两大类。经验主义理论来自对大量化学事实的总结,总结的规律具有一定的预测性。理性主义理论是从物理的角度出发,通过证明的方式得到结论。我们前期学习的化学理论主要来自经验主义,积累到一定程度后再接触与理性主义相关的理论。

　　为了直观展示经验主义与理性主义的区别,我们以确定三角形内角和为例进行说明。经验主义的做法是找若干不同的三角形,分别测量其三个内角并加和,通过若干例子总结得到"三角的内角和是180°"的结论。理性主义的做法则是任意画出一个三角形,通过证明的方式得到结论,如图 1.2 所示。

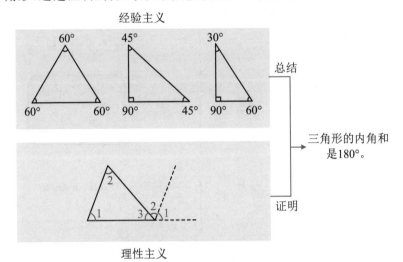

图 1.2　用经验主义与理性主义得到的三角形内角和

1. 经验主义化学理论

经验主义化学理论有点儿像英语中的语法,如图 1.3 所示。

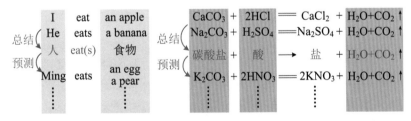

图 1.3　英语语法与类别通性的相似性

假如有一天英语老师教了我两句话:I eat an apple,He eats a banana。晚上复习的时候,我突然发现这两个句子都是"人-eat-食物"的结构。这个结构其实就是语法的雏形,它具有预测性:既然"I"和"He"能吃东西,那小明能不能吃? 既然能吃"apple"和

"banana"，那能不能吃鸡蛋、梨？总之，只要遵守这个规则，就可以写出任意的句子。此后，我能够自己说出一个句子，而不是重复老师教的例句。

化学课上我们也在重复类似的事情。我们学习了 $CaCO_3$ 与 HCl 的反应、Na_2CO_3 与 H_2SO_4 的反应，就可以针对这两个反应加以总结：碳酸盐＋酸──→盐＋水＋二氧化碳。这个结构就是化学中的"语法"，叫作类别通性。类别通性是最简单的化学理论，具有预测性，只要是类别相同的物质其反应大概率都符合这个反应方式。例如，碳酸钾也是碳酸盐，硝酸也是酸，因此二者大概率能发生类似的反应。当能想到这一点时，你的化学水平就上升了一个台阶，因为你能够预测一个反应的发生，而不是重复书上的化学反应。

当然，实际学习并不是这么简单。初学者会逐渐发现，无论是语法还是化学理论都有自己的适用范围、例外情况与缺乏现实意义的表达（图 1.4）。

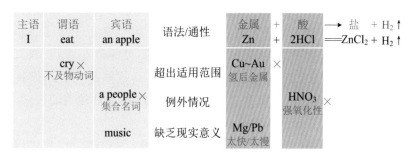

图 1.4　英语语法与类别通性中的适用范围、例外情况与缺乏现实意义的表达

还是以"I eat an apple"的主—谓—宾结构为例。如果我把动词"吃"（eat）换成"哭"（cry），行不行？回答是"不行"，因为动词分及物动词与不及物动词，cry 属于不及物动词，不能直接接宾语，这就叫作语法的"适用范围"。如果我把宾语换成 people，组成"I eat a people"，行不行？这也不行，倒不是因为语意不通，而是因

为 people 是集合名词,不能与 a/an 一起用。集合名词数量比较少,必须特别记忆,这就是英语语法中的"例外情况"。

化学理论也有类似的问题。比如在类别通性"金属＋酸——→氢气＋盐"中,如果金属选择铜,行不行? 这里涉及氢前金属、氢后金属的概念,铜、汞、银、铂、金这类金属是氢后金属,不能发生上面的反应,属于适用范围之外。如果使用硝酸,行不行呢? 也不行,因为硝酸本身具有强氧化性,会发生其他类型的反应,这就属于要特别记忆的"例外情况"。

很多同学面对适用范围和例外情况很苦恼,认为化学理论到处都是"补丁",十分不严谨。实际上,这些初级理论总是能在更高层次上实现大统一。还是以金属与酸的反应为例,其高层次理论是氧化还原反应中的电极电势理论。能否发生反应与金属电极电势($E(M^{n+}/M)$)、氢电极电势($E(H^+/H_2)$)的相对高低有关,硝酸的特殊性则来自硝酸根的氧化电势($E(NO_3^-/NO_x)$)大于氢电极电势。

最后,无论是英语语句,还是化学反应都是有现实意义的,都是为现实服务的。还是以"I eat an apple"为例,如果想构成一个有现实意义的句子,宾语选择范围其实很窄,基本就是食物、饮料这个范围。但是,如果你选择了一些像音乐、信仰这类表示虚拟事物的名词,这句话的语法本身没有问题,但并不是常规的表达,这就叫缺乏现实意义或用途。

同样地,如果选择一些其他的氢前金属(例如镁、铅)替代锌制备氢气,这些化学反应能够进行吗? 事实上,它们虽然能够进行,但并不适用于氢气的制备。因为它们要么反应太快控制不了(镁),要么反应太慢需等太久(铅)。因此这两个反应从"制备氢气"这个角度就不具有现实意义。这也是困扰很多同学的问题,搞不清为什么很多情况下明明化学反应能发生,最后在实际生产生活中却不能用,主要是因为这些反应要么太快,要么太慢,要么生成物分离不出来,要么反应物太贵买不起或毒性太强不敢做。

总之是在某一方面对应用造成了困扰,最后在实际生产生活中没有得到应用。

2. 理性主义化学理论

理性主义化学理论主要研究微观粒子(原子、离子、电子)之间的电磁相互作用,通过受力分析等方式推测微粒间吸引或排斥行为,从而判断化学性质的相对强弱。这类化学理论具有"从头计算"的特点,不需要对化学事实进行总结。理性主义理论对化学事实与经验主义理论具有解释性,属于更高层次的化学理论,更接近化学的本质。本书介绍的逻辑与思想多与理性主义化学理论有关。

例如,同周期元素从左到右原子半径逐渐变小,这是通过事实总结的经验主义理论。为了解释该理论,科学家从理性主义的角度提出了"电子屏蔽"理论。这个理论从微粒间库仑相互作用出发,原子核中每增加一个质子,增加的电子无法完全屏蔽质子增加的正电荷,使得电子感受到的"有效电荷"增加,从而加大了原子核对外层电子的吸引力。

有趣的是,若想从基本理论出发进行推理,必须承认几个基本的"公理",这一点与数学证明非常类似。例如,研究核外电子排布时必须承认电子层、电子亚层的存在,即电子能量是量子化的;理解洪特规则必须接受"电子成对能"这个概念;理解分子、离子的形成必须承认"8电子稳定规则"……

1.3 理论与事实之间的相互促进

化学理论来自人们对化学事实的总结,化学理论能够预测新的化学事实。在化学学习中,积累化学事实能够更好地理解化学理论,学习化学理论能够帮助记忆更多化学事实,二者具有相互促进作用。

以化合价为例。化合价实际上是一个化学理论。首先对大量已有事实进行总结:通过对大量已知化学式的观察与分析,确定每种元素形成化合物时常见的比例关系。这个理论也有预测性,利用常见化合价,我们可以写出未知化合物的化学式。比如,虽然我们可能从未听过氮化硅(Si_3N_4),但通过化合价理论我们也能知道它的组成,这就是理论的预测能力。

另一个例子是元素周期律。元素周期律来自门捷列夫对大量已知元素的总结与整理,发现元素性质与原子序数呈现周期性规律:这是一个由事实抽象为理论的过程。而这个理论也具有预测性,根据这个理论,门捷列夫大胆预测存在"类铝""类硅"等新元素,为未来的科学发现指明了具体的方向(图1.5)。

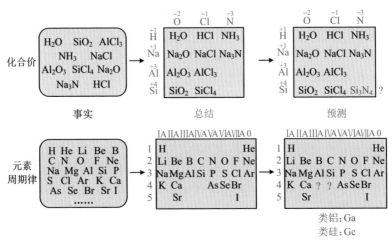

图1.5 化学事实与化学理论之间的关系

值得注意的是,无论是化合价还是元素周期律,发现之初都属于经验主义化学理论。而二者对应的高层次理论都是核外电子排布规则,它是一个理性主义化学理论。

2

负反馈——化学规律中的"天之道"

老子曰:"天之道,损有余而补不足。"这句话的大概意思是:上天的道理,就是要减少有余的,而补充不足的。两千多年以后,老子的话竟道出多数化学规律背后的原理之一——负反馈。

负反馈系统厌恶外界带来的波动,系统会自发地削弱外界波动所带来的影响,使其尽量向初始状态回归。生活中负反馈的例子有很多,例如,行驶的汽车如果发生方向的偏移,司机会向相反方向转动方向盘纠正偏移;冰箱内当温度高于设定值时,压缩机会自动工作降温,而当温度低于设定值时,压缩机会自动停止工作。

这一章我们谈一谈化学规律中具有负反馈的体系。

2.1 勒夏特列原理

勒夏特列原理由法国科学家勒夏特列在 1888 年总结得到,是一个定性预测化学平衡移动的原理。主要内容为:在已经达到化学平衡的体系中,如果改变影响平衡的条件之一(如温度、压强、反应物浓度),平衡将向着能够减弱这种改变的方向移动。

以经典化学平衡反应 $2NO_2 \rightleftharpoons N_2O_4$ 为例($\Delta H < 0$),升高温度有利于该化学平衡逆向(吸热)移动。可以理解为:温度升高相当于热量"有余",化学反应既然要"损有余",就必须向吸收热量的方向进行,才能把"有余"的热量给"损"掉一部分。相反,降低温度相当于热量"不足",该化学平衡正向(放热方向)移动属于"补不足"。

同理,增加压强有利于平衡正向(气体分子数减少的方向)移动。可以理解为压强增加是一种"有余",化学反应既然要"损有余",就要向减小压强的方向进行,把"有余"的压强给"损"掉。相反,减小压强有利于该化学平衡逆向(气体分子数增加的方向)移动,这是一种"补不足"。

反应物浓度也可以做类似解释:增加反应物有利于化学平衡正向移动。可以理解为:反应物增加是"有余"的,化学反应既然要"损有余",就要向消耗反应物的方向进行,把"有余"的反应物给"损"掉。同样地,增加生成物有利于化学平衡逆向移动则是反方向的"损有余",而减少反应物(或生成物)带来的平衡移动则是"补不足"。

勒夏特列原理并不是玄之又玄的天地理论,而是可以被严格证明的。

我们知道,平衡移动来自平衡常数(K)与反应商(Q)的比较:

若 $K>Q$,则平衡正向进行;若 $K<Q$,则平衡逆向进行;若 $K=Q$,则平衡不移动,我们称为"K-Q 关系"。若想改变平衡,有两种策略:保持 Q 不动改变 K,保持 K 不动改变 Q。实际上,前者正是对应着平衡与温度的关系,后者对应着平衡与压强、浓度的关系。

1. 平衡与温度的关系

温度 T 与平衡常数 K 之间的关系见范特霍夫方程:

$$\ln \frac{K_1^{\ominus}}{K_2^{\ominus}} = -\frac{\Delta H^{\ominus}}{R}\left(\frac{1}{T_1} - \frac{1}{T_2}\right)$$

从定性角度来看,这个方程直接告诉我们:若 $\Delta H>0$(吸热反应)且 $T_2>T_1$(温度升高),则 $K_2>K_1$(平衡向正向移动)。其余情况也可以进行类似的推理与演绎,如表 2.1 所示。

表 2.1　范特霍夫方程中 ΔH 与 T 对平衡常数 K 的影响

输入项		输出项
$\Delta H>0$(吸热反应)	$T_2>T_1$(温度升高)	$K_2>K_1$(平衡向正向移动)
$\Delta H>0$(吸热反应)	$T_2<T_1$(温度降低)	$K_2<K_1$(平衡向逆向移动)
$\Delta H<0$(放热反应)	$T_2>T_1$(温度升高)	$K_2<K_1$(平衡向逆向移动)
$\Delta H<0$(放热反应)	$T_2<T_1$(温度降低)	$K_2>K_1$(平衡向正向移动)

2. 平衡与反应物浓度、压强的关系

由于平衡常数 K 只是温度的函数,改变反应物浓度或压强只能改变 Q 值。还是以反应 $2NO_2 \rightleftharpoons N_2O_4$ 为例,$Q=\dfrac{c(N_2O_4)}{c^2(NO_2)}$。倘若减小 N_2O_4 浓度或增大 NO_2 浓度,会使 Q 减小,从而使平衡正向移动;倘若增大 N_2O_4 浓度或减小 NO_2 浓度,会使 Q 增大,从而使平衡逆向移动。

我们可以将化学平衡比作相互连通的水库。如图 2.1 所示,在水库模型中,左侧代表反应物,右侧代表生成物,两端水位相平时达到化学平衡。此时若向右侧加水或从左侧抽水,则平衡会向左移动;若向左侧加水或从右侧抽水,则平衡会向右移动。事实上,平衡移动的本质与这个水库模型很像,"水位"的高低能类比为化学势(μ),可认为是势能的一种。化学反应总是从化学势高的状态自发"流"到化学势低的状态。

改变气体的压强时,NO_2、N_2O_4 的浓度会等比例增加或减小。在 Q 的表达式中,$c(NO_2)$是二次方项,而 $c(N_2O_4)$是一次方项,这使得气体等比例压缩、膨胀时 $c^2(NO_2)$增加、减小的倍数均大于 $c(N_2O_4)$增加、减小的倍数,表现为 Q 在压缩时减小,在膨胀时增大,最终使平衡分别正向、逆向移动。

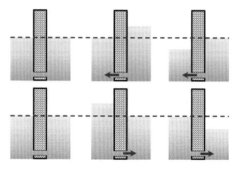

图 2.1　解释平衡移动的水库模型
紫色虚线代表初始状态的水位线。

2.2　酸碱性对氧化还原能力的影响

勒夏特列原理有一个重要而有趣的推论:酸能够增加含氧型氧化剂的氧化能力,碱能够减弱含氧型氧化剂的氧化能力。

我们知道洁厕灵(含 HCl)不能与"84"消毒液(含 NaClO)一起使用,这是由于酸性条件下 ClO^- 能够将 Cl^- 氧化并产生剧毒的

Cl_2,用方程式表示为

$$ClO^- + Cl^- + 2H^+ \Longrightarrow Cl_2 + H_2O \qquad (1)$$

而"84"消毒液本身是工厂将 Cl_2 通入 $NaOH$ 溶液得到的,用方程式表示为

$$Cl_2 + 2OH^- \Longrightarrow ClO^- + Cl^- + H_2O \qquad (2)$$

可以发现,两个方程式中的反应物、生成物正好对调了位置——第一个反应是归中反应,第二个反应是歧化反应。从"强制弱"的观点看,(1)中 ClO^- 是氧化剂,氧化性应强于氧化产物 Cl_2;(2)中 ClO^- 是氧化产物,氧化性应弱于氧化剂 Cl_2。也就是说,酸增加了 ClO^- 的氧化能力,而碱减弱了 ClO^- 的氧化能力。

对于含氧型氧化剂(例如 ClO^-、MnO_2、MnO_4^-),酸性条件能够增加其氧化能力,碱性条件能够减弱其氧化能力。在进行氧化还原反应时,H^+ 虽然不直接参与电子转移,但它能够与氧元素结合成水,从而帮助氧化剂中氧元素的脱离,起到"助纣为虐""为虎作伥"的效果。

如果溶液中没有足够浓度的 H^+,那么提供质子、帮助氧元素脱离的任务只能交给水分子(或其他弱酸),此时会有 OH^- 作为产物生成。以 ClO^- 参加的反应为例,ClO^- 氧化 Cl^- 的方程式分别可以在酸性、碱性条件下配平。

酸性条件:$ClO^- + Cl^- + 2H^+ \Longrightarrow Cl_2 + H_2O$

碱性条件:$ClO^- + Cl^- + H_2O \Longrightarrow Cl_2 + 2OH^-$

实际上,这两个方程式的意义是完全相同的,只是酸性条件下写成上式更合理,碱性条件下写成下式更合理。这是由于酸性条件不能有 OH^- 参与反应,而碱性条件不能有 H^+ 参与反应。在酸性条件下,H^+ 从某种意义上说是"有余"的,因此化学反应需要"损"一下 H^+ 的浓度,且酸性越强,上式就越易正向移动,意味着 ClO^- 氧化性越强。在碱性条件下,OH^- 从某种意义上说是"有余"的,因此化学反应需要"损"一下 OH^- 的浓度,碱性越强,下式

就越易逆向移动,意味着 ClO^- 氧化性越弱。因此在标准状况下,上式应正向进行,而下式应逆向进行。

表 2.2 列举了一些含氧型氧化剂在酸性、碱性条件下发生的半反应。大量实践发现,对于绝大多数含氧型氧化剂,酸性条件下 H^+ 总是出现在氧化形态(Ox)的一侧;碱性条件下 OH^- 总会出现在还原形态(Red)的一侧。

表 2.2　一些含氧型氧化剂在酸性、碱性条件下发生的半反应

氧化剂	酸性条件	碱性条件
O_2	$O_2 + 4H^+ + 4e^- \longrightarrow 2H_2O$	$O_2 + 2H_2O + 4e^- \longrightarrow 4OH^-$
H_2O_2	$H_2O_2 + 2H^+ + 2e^- \longrightarrow 2H_2O$	$H_2O_2 + 2e^- \longrightarrow 2OH^-$
NO_3^-	$NO_3^- + 3H^+ + 2e^- \longrightarrow HNO_2 + H_2O$	$NO_3^- + H_2O + 2e^- \longrightarrow NO_2^- + 2OH^-$
MnO_2	$MnO_2 + 4H^+ + 2e^- \longrightarrow Mn^{2+} + 2H_2O$	$MnO_2 + 2H_2O + 2e^- \longrightarrow Mn(OH)_2 + 2OH^-$

在 $pH = 0, 14$ 时,半电对 $Ox + ne^- + aH^+ \longrightarrow Red$,$Ox + ne^- + H_2O \longrightarrow Red + aOH^-$ 的电极电势分别为 $E^{\ominus}$(酸)与 $E^{\ominus}$(碱)。根据能斯特方程,在任意 pH 下,溶液电极电势为

$$E = E^{\ominus}(酸) + \frac{0.0591}{n} \lg \frac{c(Ox)c^a(H^+)}{c(Red)}$$

或

$$E = E^{\ominus}(碱) + \frac{0.0591}{n} \lg \frac{c(Ox)}{c(Red)c^a(OH^-)}$$

将上述两式整理得

$$E = E^{\ominus}(酸) + \frac{0.0591}{n}\left(-a pH + \lg \frac{c(Ox)}{c(Red)}\right)$$

$$E = E^{\ominus}(碱) + \frac{0.0591}{n}\left(a pOH + \lg \frac{c(Ox)}{c(Red)}\right)$$

根据能斯特方程,$E^{\ominus}$(酸)与 $E^{\ominus}$(碱)间存在固定的换算关系,使得

上述两式完全等效。也就是说,无论半电对如何书写,pH 的降低最终都会导致 E 的升高。

酸能增加含氧型氧化剂氧化性的例子有很多。例如,MnO_2 只能将 HCl 氧化为 Cl_2,却无法氧化中性条件下的 NaCl;HNO_3 能够氧化 Cu 等金属,而 $NaNO_3$ 没有明显的氧化性等。

碱能减弱含氧型氧化剂的氧化性也有很多应用。很多高价含氧酸盐一般都是在碱性条件下氧化得到的,例如:

$$3MnO_2 + KClO_3 + 6KOH = 3K_2MnO_4 + KCl + 3H_2O$$

$$NaIO_3 + Cl_2 + 4NaOH = Na_3H_2IO_6 + 2NaCl + H_2O$$

$$Fe_2O_3 + 3KNO_3 + 4KOH = 2K_2FeO_4 + 3KNO_2 + 2H_2O$$

本节的结论还能衍生出另一个推论:很多非金属单质在碱性条件下都可以发生歧化反应,比较常见的有

$$3S + 6NaOH = Na_2SO_3 + 2Na_2S + 3H_2O$$

$$P_4 + 3NaOH + 3H_2O = 3NaH_2PO_2 + PH_3$$

$$3C + CaO = CaC_2 + CO\uparrow$$

2.3 酸碱性对物质稳定性的影响

Mn 元素具有丰富的化合价,常见的有 +2(Mn^{2+})、+4(MnO_2)、+6(MnO_4^{2-})与 +7(MnO_4^-)。实验证明,随着 pH 由酸性过渡到碱性,最稳定的形态分别是 Mn^{2+}(酸性)、MnO_2(中性)、MnO_4^-(弱碱)、MnO_4^{2-}(强碱)。

随着 pH 的升高,到底是哪个因素决定了含锰化合物的稳定性?

决定性因素是化合价吗? 并不是。随着 pH 的升高,Mn 的化合价分别为 +2、+4、+7 与 +6,并没有明显规律。令人震惊的是,不同 pH 下最稳定的形态与氧化还原性质没有明显关系,反而

与微粒的带电情况有关:酸性倾向生成带正电的离子,碱性倾向生成带负电的离子。

这个规律也可以用负反馈的"天之道"解释:离子反应方程式等号两边电荷必须守恒。生成带负电的离子时,往往需要 OH^- 参与反应,OH^- 提供负电荷,同时自身转化为电中性的 H_2O。也就是说,生成带负电的离子有利于消耗 OH^-,在碱性环境中做到"损有余"。而生成带正电的离子时,往往需要 H^+ 参与反应。H^+ 提供正电荷,同时自身转化为电中性的 H_2O。也就是说,生成带正电的离子有利于消耗 H^+,在酸性环境中做到"损有余"。

下面是几个 Mn 元素的典型化学反应,常见含锰化合物及其生成条件如表 2.3 所示。它们无一例外地说明,化学反应会通过消耗 H^+ 或 OH^- 的方式实现对外界加酸、加碱的"损有余",与此同时 H^+ 或 OH^- 所带的电荷被转移到生成物离子上:

$$MnO_2 + 4H^+ + 2Cl^- \longrightarrow Mn^{2+} + Cl_2 + 2H_2O$$
$$2MnO_2 + 4OH^- + O_2 \longrightarrow 2MnO_4^{2-} + 2H_2O$$
$$3MnO_4^{2-} + 4H^+ \longrightarrow MnO_2 + 2MnO_4^- + 2H_2O$$

表 2.3　常见含锰化合物及其生成条件

	KMnO$_4$	KMnO$_4$ 的还原产物			
		1 mol/L H$_2$SO$_4$	去离子水	1 mol/L NaOH	6 mol/L NaOH
		Mn^{2+}	MnO_2	MnO_4^{2-}	MnO_4^{3-}
化合价	+7	+2	+4	+6	+5
带电量	−1	+2	0	−2	−3
颜色					

值得注意的是,生成物所带负电荷越多,反应消耗的 OH^- 往往就越多,越能达到"损有余"的效果,在强碱性条件下就越稳定,

强酸性条件反之同理。因此在浓碱、浓酸条件下有时会产生一些通常条件下无法稳定存在的离子,例如,MnO_4^{3-} 与 Mn^{3+} 就是在这种极端条件下诞生的"怪胎"。

6 mol/L NaOH 水溶液:

$$MnO_4^- + SO_3^{2-} + 2OH^- == MnO_4^{3-} + SO_4^{2-} + H_2O$$

浓硫酸:

$$MnO_2 + Mn^{2+} + 4H^+ == 2Mn^{3+} + 2H_2O$$

在下面的例子中,几个不常见阳离子的生成也与浓硫酸极强的酸性有关。

在浓硫酸中,有

$$7I_2 + IO_3^- + 6H^+ == 5I_3^+ + 3H_2O$$

$$HNO_3 + 2H_2SO_4 == NO_2^+HSO_4^- + H_3O^+HSO_4^-$$

$$Ph_3COH(三苯甲醇) + 2H_2SO_4 == Ph_3C^+HSO_4^- + H_3O^+HSO_4^-$$

除了氧化还原反应,一些非氧化还原反应也符合上述理论。例如,酸性条件下 $Cr_2O_7^{2-}$ 比 CrO_4^{2-} 稳定,而碱性条件下正相反:

$$2CrO_4^{2-}(黄色) + 2H^+ == Cr_2O_7^{2-}(橙红色) + H_2O$$

$$Cr_2O_7^{2-}(橙红色) + 2OH^- == 2CrO_4^{2-}(黄色) + H_2O$$

2.4　理解一些有机反应的结果

负反馈的"天之道"能够帮助理解一些有机物在强碱性条件下的反应结果,典型例子如表 2.4 所示。尽管机理复杂且彼此大不相同,但它们的生成物却是相似的——都倾向于生成酸(羧酸或其他无机酸)。强碱性条件可以理解为碱的"有余",因此化学反应倾向于生成酸性物质并与碱反应。在表 2.4 中,生成的酸性物质(对应的盐)用红色表示。

表 2.4　强碱条件下的有机反应

有机反应	典型例子
酯的水解	$CH_3COOC_2H_5$ + NaOH $\longrightarrow$ $CH_3COONa + C_2H_5OH$
卡尼查罗反应	H—CHO + H—CHO + NaOH $\longrightarrow$ HCOONa + CH_3OH
碘仿反应	(丙酮) + $3I_2$ + 4NaOH $\longrightarrow$ $CH_3COONa + CHI_3 + 3NaI + 3H_2O$
霍夫曼降解	$R-CONH_2$ + Br_2 + 4NaOH $\longrightarrow$ $R-NH_2 + Na_2CO_3 + 2NaBr + 2H_2O$
双酮的缩合	(二苯乙二酮) + NaOH $\longrightarrow$ (产物 HO COONa)
法沃斯基重排	(2-溴环己酮) + 2NaOH $\longrightarrow$ (环戊基 COONa) + NaBr + H_2O

　　无独有偶,在强酸性条件下也有化学反应为了消耗酸的"有余"而生成碱。例如,在浓硫酸中发生的联苯胺重排反应:

$$\text{(N,N'-二苯肼)} + 2H_2SO_4 \longrightarrow {}^+H_3N-\!\!\!\langle\rangle\!-\!\langle\rangle\!-\!NH_3^+ \quad HSO_4^-,\ HSO_4^-$$

3

两害相权取其轻——大自然竟然如此精明

鲁迅在《无声的中国》中说过："譬如你说，这屋子太暗，须在这里开一个窗，大家一定不允许的。但如果你主张拆掉屋顶，他们就会来调和，愿意开窗了。"实际上，这种心理反映了"两害相权取其轻"的选择策略。

人们做出大多数选择的时候，底层逻辑都是"两害相权取其轻"。例如，面对同样的商品时，消费者总会选择价格更低的商家：对消费者来说，出钱是一种"害"，"两害相权"时，我们最好选择便宜的商家，这叫作"取其轻"。再比如，学生更倾向完成凶巴巴的老师布置的作业，这也是"两害相权取其轻"的具象化：对学生来说，写作业的痛苦是一种"害"，没写作业被老师骂也是一种"害"。如果挨骂的恐惧大于写作业的痛苦，学生大概率会选择乖乖写作业，这也叫作"取其轻"。

实际上，大自然正是精明的决策大师，我们看下面一些例子。

3.1 氧化物水合物的酸碱性

根据氧化物水合物的性质,我们将氧化物分为酸性、碱性、两性氧化物等类别。常规课程告诉我们,金属氧化物一般是碱性氧化物,而非金属氧化物为酸性氧化物。但我们显然能找到很多反例(CrO_3、Mn_2O_7 是酸性氧化物)。那么氧化物水合物的酸碱性是由什么决定的呢?

表 3.1　$NaOH$、H_2SO_4 的结构模型

$MO_x(OH)_y$	模型	M—O 间的库仑力	O—H 间的库仑力
NaOH		$\dfrac{2ke^2}{r^2_{Na-O}}$ （较小）	$\dfrac{2ke^2}{r^2_{O-H}}$ （较大）
H_2SO_4		$\dfrac{12ke^2}{r^2_{S-O}}$ （较大）	$\dfrac{2ke^2}{r^2_{O-H}}$ （较小）

注:k 为静电力常数,e 为元电荷电量。

如表 3.1 所示,元素 M 的氧化物的水合物可以用通式 $MO_x(OH)_y$ 表示,其中含有 M—O—H 型化学键。它的解离方式无疑是该化合物显性的重点。如果按照 $[M—O]^- + H^+$ 解离就是酸式电离,按照 $M^+ + OH^-$ 解离就是碱式电离。具体解离哪边的化学键需要"两害相权取其轻",选择相对较弱的、容易断开的化学键解离。在 NaOH 中,Na—O 相互作用弱于 H—O,故 NaOH 选择断开 Na—O 而留下 H—O(即 OH^-);在 H_2SO_4 中,S—O 相互作用强于 H—O,故 H_2SO_4 选择断开 H—O(生成 H^+)而留下 S—O,这是两种化合物呈现碱性、酸性的本质原因。

如果我们简单认为酸、碱都是由中心元素、氧、氢三种原子并排而列的,且带电量等于各自的化合价,结合库仑定律,上述逻辑可以对化合物的酸碱性强弱给出一个半定量的解释。如表 3.2 所示,KOH 中 K—O 之间的库仑力小于 Na—O,这是由于在带电量相同的情况下 K^+ 半径更大,故 KOH 的碱性比 NaOH 强。与 NaOH 相比,$Mg(OH)_2$ 中 Mg—O 之间的库仑力大于 Na—O,这是由于 Mg^{2+} 不仅带电量大,而且半径更小,故 $Mg(OH)_2$ 的碱性比 NaOH 弱。如表 3.3 所示,与 HNO_2 相比,$BiO(OH)$ 中 Bi—O 之间的库仑力更小,这是由于 Bi(Ⅲ) 的半径大于 N(Ⅲ),因此电离时前者保留 N—O 发生酸式电离,后者断开 Bi—O 发生碱式电离。

按照这个模型,中心元素化合价越高、半径越小越倾向于酸式电离,反之则为碱式电离。与金属相比,非金属元素一般化合价比较高,半径比较小,其氧化物的水合物更倾向酸式电离,故多数情况下有"非金属氧化物呈酸性,金属氧化物呈碱性"。实际上,高价金属氧化物也是酸性的,例如 CrO_3、Mn_2O_7;低价非金属氧化物也无法表现出酸性,例如 CO、NO、N_2O。

表 3.2　KOH、NaOH 与 Mg(OH)₂ 的碱性比较

M(OH)_y	模型	M—O 间的库仑力	O—H 间的库仑力
KOH		$\dfrac{2ke^2}{r_{K-O}^2}$（小）	
NaOH		$\dfrac{2ke^2}{r_{Na-O}^2}$（中）	$\dfrac{2ke^2}{r_{O-H}^2}$
Mg(OH)₂		$\dfrac{4ke^2}{r_{Mg-O}^2}$（大）	

表 3.3　HNO₂ 与 BiO(OH) 的酸碱性比较

HMO₂	模型	M—O 间的库仑力	O—H 间的库仑力
HNO₂		$\dfrac{6ke^2}{r_{N-O}^2}$（大）	
BiO(OH)		$\dfrac{6ke^2}{r_{Bi-O}^2}$（小）	$\dfrac{2ke^2}{r_{O-H}^2}$

3.2　物质在水中的溶解与电离

　　物质溶于水可简单认为由扩散过程、水合过程两步构成：固态溶质微粒间先相互远离，再与水形成新的相互作用。对离子化合物来说，晶体表面的离子受到两种力的"拉扯"：一种来自晶体内部，即反电荷离子的库仑吸引作用，其大小与晶格能有关；另一种来自水分子对离子的吸引，其大小与水合能有关。当两种力都在"拉扯"离子时，具体哪种力占上风就要"两害相权取其轻"，选择断开相对较弱的键。

　　如图 3.1 所示，如果晶体内部的库仑力明显小于水对离子的吸引力，晶体更倾向于溶解形成水合离子，例如 NaCl、KNO$_3$；如果晶体内部的库仑力明显大于水对离子的吸引力，晶体不但不会溶解，水中的离子还会聚集在一起形成晶体，例如 AgCl、BaSO$_4$；如果晶体内部的库仑力与水对离子的吸引力大小相当，就会形成微溶的情况，例如 Ag$_2$SO$_4$、Ca(OH)$_2$。

　　共价化合物在水中的电离与上述过程类似。只不过，与水合作用相抗衡的是分子内部的共价键。如图 3.2 所示，如果共价键明显弱于水对分子的吸引力，共价键更倾向断开并形成水合离子，例如 HCl 等强电解质；如果共价键明显强于水对分子的吸引力，分子更倾向保留共价键不电离，例如 CO 等非电解质；如果共价键与水对分子的吸引力强度接近，就能够达到化学平衡：水中既存在着未电离的分子形态，又存在着电离后的离子形态，例如 HF、CH$_3$COOH 等弱电解质。

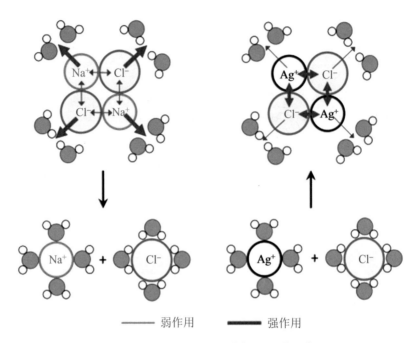

—— 弱作用　　—— 强作用

图 3.1　NaCl、AgCl 在水中溶解、沉淀的示意图

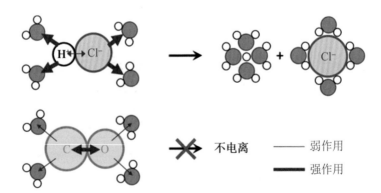

图 3.2　共价化合物在水中电离的示意图

　　"两害相权取其轻"的选择策略还能产生一个容易理解的推论：**如果两个相反的因素同时控制着一个事物，则两个因素中谁强则整体显示谁的性质；如果两个因素大小相等、方向相反，则整体相抵为零。**举一个最简单的例子，如图 3.3 所示，吊在空中的箱子之所以静止不动，并不是因为不受力，而是因为重力与拉力大小相等、方向相反，故二者相抵为零。倘若拉力大于重力，则整体体现为拉力的性质，箱子加速向上运动；倘若拉力小于重力，则整体体现为重力的性质，箱子加速向下运动。

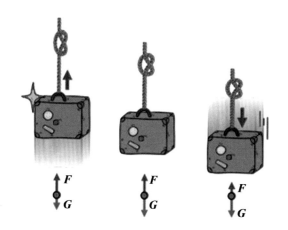

图 3.3　将两个相反的因素比作箱子上的重力与拉力

　　让我们再看看还有哪些例子符合上述逻辑。

3.3　原子核的结构

　　原子是由原子核和电子构成的，而原子核又是由质子和中子构成的。根据库仑定律，质子间的作用力与二者距离的平方成反比。原子核中质子间的距离极小，为什么原子核中的质子会抱成一团,而没有相互弹开呢?最朴素的想法是:一定存在另一种力,这种力是相互吸引的,能够平衡强大的电磁排斥力,使二者相抵为零。事实上的确存在这样一种力,叫作核力或者强相互作用力。核力存在于任意两个核子(质子、中子)之间,只要两个核子间的距离近到原子核的尺度上,核力就会发挥作用,把核子紧紧束缚在一起。

实际上电磁作用力要比核力强一些,如果仅向原子核内添加质子,排斥的电磁力将超过吸引的核力,质子间倾向相互弹开;如果仅向原子核内添加中子,吸引的核力将会起主导作用,这会带来另一种不稳定,最后导致 β 衰变。所以稳定原子核中质子数(Z)和中子数(N)都会按照一定比例"精细调配",小心翼翼地维持着原子核的受力平衡。如图 3.4 所示,对于轻元素,这个比例大约是 1:1,这就能解释为什么大多数轻元素的相对原子质量都是质子数的 2 倍。随着质子数的增加,原子核中每增加 1 个质子会带来更强的电磁排斥力,因此对于重元素,平均每增加 1 个质子需要增加 1.5 个中子才能产生更大的核力去平衡电磁排斥力,这就能解释为什么重元素的中子数会显著地多于质子数。

不过,在极特殊情况下存在着只有中子、没有质子的"原子核",这就是宇宙深处神秘的中子星。中子星可以被简单地认为是一颗由中子直接堆成的硕大的原子核。与正常原子核相比,和核力相抗衡的不是电磁作用力,而是中子简并压——它仍然处于受力平衡状态。

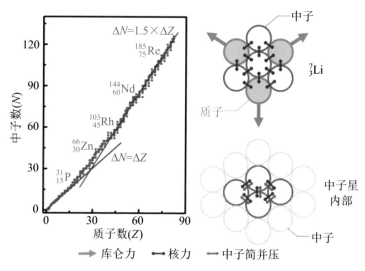

图 3.4 稳定原子核中质子数与中子数的分布（左）
以及原子核与中子星内的受力平衡（右）

3.4 溶解的热效应

物质溶于水可以简单地认为分两步进行：凝聚态的溶质微粒相互远离、溶质微粒与水形成新的相互作用，二者分别称为扩散过程和水合过程。扩散过程是吸热的：对于离子化合物（例如NaCl），吸热与晶格能有关；对于强酸（H_2SO_4），吸热与电解质质子解离能有关；对于非电解质，吸热与分子间作用力有关。水合过程是放热的，水合能与分子极性、离子电荷、半径有关。若扩散吸热大于水合放热，则整体显示吸热性质（例如硝酸钾、硝酸铵、硫氰化钾）；若扩散吸热小于水合放热，则整体显示放热性质（例如硫酸、氢氧化钠）；若二者数值接近，则热效应不明显（例如氯化钠、硫酸钠）。表3.4为常见物质溶于水产生的热效应。

表 3.4　常见物质溶于水产生的热效应

物质	溶解热(kJ/mol)	物质	溶解热(kJ/mol)
无水氯化铝	-325.6	氯化钠	$+5.0$
硫酸	-96.2	硫氰化钾	$+25.5$
氢氧化钠	-42.6	硝酸铵	$+27.2$
磷酸	-11.7	硝酸钾	$+35.9$
硫酸钠	-1.2	氯酸钾	$+43.1$

"两害相权取其轻"的选择策略可以构造一套逻辑以解释化学性质中的非单调变化,即**一种性质随着自变量的增加出现了非单调的变化(先降低后升高或先升高后降低),是因为这个性质是由 A、B 两个相反因素同时决定的**。前期 A 因素为主导,后期 B 因素为主导。

3.5　次级周期性

对于 p 区元素,最高价含氧酸的氧化性从强到弱依次为第四周期、第五周期、第三周期。也就是说氧化性从强到弱依次为 H_3AsO_4、H_3SbO_4、H_3PO_4(ⅤA 族),H_2SeO_4、H_6TeO_6、H_2SO_4(ⅥA 族),$HBrO_4$、H_5IO_6、$HClO_4$(ⅦA 族)。这种规律被称为"次级周期性"。

以 $HClO_4$、$HBrO_4$、H_5IO_6 为例,影响这三种含氧酸的氧化性有两个因素。首先是核心元素的电负性:电负性越大,得电子能力越强,含氧酸的氧化活性越强,从这个角度上看,氧化性从强到弱依次为 Cl、Br、I;其次是卤氧化学键的键长:键长越大,键越容易断裂,含氧酸的氧化性越强,从这个角度上看,氧化性从强到弱依次为 I、Br、Cl。这两个相反的因素共同决定了含氧酸的氧化性。Br 的电负性不太弱,半径又不太小,所以对应酸的氧化性最强,而 I、Cl 则各有一块"短板",其酸的氧化性都不如 Br。

3.6 碱金属的密度与电极电势

碱金属的密度符合:$\rho(\text{Li}) < \rho(\text{Na}) > \rho(\text{K}) < \rho(\text{Rb}) < \rho(\text{Cs})$;碱金属的电极电势符合:$\varphi(\text{Li}) < \varphi(\text{Na}) > \varphi(\text{K}) \approx \varphi(\text{Rb}) \approx \varphi(\text{Cs})$。二者均显示出非单调的变化,如表 3.5 所示。

这两种变化都可以用上面的逻辑解释:碱金属的密度与原子量成正比,与原子的体积成反比(即 $\rho = m/V$)。随着周期数的增加,原子量(与 m 相关)与原子半径(与 V 相关)都会增加,原子量的增加对密度有利,而半径的增加对密度不利,Na～K 的变化显然是半径主导,而 Li～Na、K～Cs 的变化显然是原子量主导。

碱金属的电极电势主要与三个因素有关:升华能、电离能与水合能。如表 3.5 与图 3.5 所示,随着周期数的增加,碱金属升华能、电离能($\Delta H > 0$)降低;与此同时,随着碱金属离子的半径增大,水合能减小。但由于水合能是放热项($\Delta H < 0$),实际 ΔH 值是升高的。因此,升华能、电离能与水合能构成了两个相反的因素——Li～Na 的变化主要与水合能有关,Na～Cs 的变化主要与升华能、电离能有关。两种因素共同作用带来了非单调变化,使得碱金属中还原性最弱的元素反而是中间的 Na。

表 3.5 碱金属的密度与电极电势

碱金属	Li	Na	K	Rb	Cs
密度(g/cm³)	0.534	0.971	0.856	1.532	1.879
电极电势(V)	-3.040	-2.714	-2.936	-2.943	-3.027

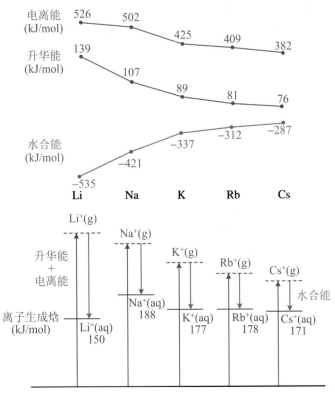

图 3.5 碱金属的电离能、升华能与水合能对离子生成焓的影响

4

典型物质与典型反应——化学界的模范榜样

青青的叶儿红红的花儿，小蝴蝶贪玩耍，不爱劳动不学习，我们大家不学它，要学喜鹊造新房，要学蜜蜂采蜜糖，劳动的快乐说不尽，劳动的创造最光荣。

——儿歌《劳动最光荣》

一首20世纪50年代的歌曲能够火遍半个世纪经久不衰，除了童趣外，更多地承载了教育功能。数十字的歌词中树立了"正面典型""反面典型"两种截然不同的形象，并号召我们向正面典型看齐。这种理念被称为"榜样教育"。

榜样教育在我国历史悠久、积淀深厚且无处不在。小时候有"别人家孩子"，上学后有"模范学生""优秀班级"，工作后还有"优秀员工"。榜样不仅是对优秀的表彰，更是作为正面典型的代表，让别人可以参照榜样的行为，走向正确的道路。英国学者菲尔丁曾说过一句名言："典范比教育更快，更能强烈地铭刻在人们心里。"

元素化学的学习也需要设置"榜样"与"典型",我们称为典型物质或典型反应。

典型物质或典型反应是正确的标杆,面对未知物质时,我们可以用来参考,通过类比的方式从一个典型物质(反应)推广到几个甚至几十个类似的物质(反应)。这也是短时间内能掌握海量物质性质的有效方法。到了元素化学的领域,菲尔丁的名言就可以改为"学习典型物质比学习反应原理更快,更刻骨铭心"。

下面笔者将举例说明,如何从典型物质、典型反应出发进行知识扩容,记下来海量元素化学知识。

4.1 根据等电子体推测新的物质

狭义的等电子体指电子数、原子数都相同的分子、离子或原子团,例如,K^+ 与 Cl^-,CO 与 N_2 是狭义的等电子体。若将定义拓展为价电子数、原子数都相同,并忽略分子中的氢原子,便得到广义等电子体的概念,例如,CH_4、H_2O 与 F^-,SO_2、O_3 与 HNO_2,BF_3、CO_3^{2-},$COCl_2$ 与 SO_3 都属于广义的等电子体。下文关于等电子体的介绍都指广义的等电子体。等电子体之间化学键与结构类似。借助等电子体的思想,我们可以从一个典型物质出发,学习并理解陌生的物质,达到举一反三的目的。

以 SF_6 为例(如图 4.1、图 4.2),我们看一看这个典型物质能够衍生出多少相关的化合物。

沿着周期表竖列改变,将 S 替代为同族元素可构成 SeF_6、TeF_6,它们理所当然是 SF_6 的等电子体。沿着周期表横行改变,可以通过增减电子(带电荷)的方法将中心元素的价电子数调整为 6,此时可以简单地认为增减的电荷全部集中在中心原子上(虽然事实不是这样)。例如,P 外层有 5 个电子,可以通过增加 1 个电子的方式形成与 S 相同的 6 电子结构,故 PF_6^- 与 SF_6 是等电子体;Cl 外层有 7 个电子,可以通过减少 1 个电子的方式形成与 S 相同的 6 电子结构,故 ClF_6^+ 与 SF_6 是等电子体,同理我们可以演绎出 AlF_6^{3-} 与 SiF_6^{2-}。如果将横竖两种方式结合起来,我们还能演绎出 AsF_6^-、SbF_6^-、IF_6^+ 等离子。

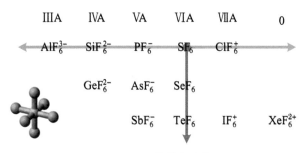

图 4.1　SF_6 的等电子体

事实上,利用等电子体演绎出的这些离子不仅真实存在,不少还有着有趣的用途,堪称"明星分子家族"。例如,六氟合硅酸(H_2SiF_6)是常用的木材防腐剂,其铅盐($PbSiF_6$)被广泛用于铅的电镀。六氟合铝酸钠(Na_3AlF_6)是一种天然矿物,俗称冰晶石,在电解氧化铝中作为助熔剂使用。含 SbF_6^- 的盐曾出现在历史上第一个化学法制氟的反应中:$2K_2MnF_6 + 4SbF_5 \Longrightarrow 2MnF_3 + F_2 + 4KSbF_6$。无独有偶,$SbF_5$ 能够与 IF_7 发生反应生成盐类物质 $IF_6^+SbF_6^-$,将这个物质与 KF 混合也可以产生氟气:$IF_6^+SbF_6^- + 2KF \Longrightarrow KSbF_6 + KIF_6 + F_2$。值得注意的是,$IF_6^+$ 也是 SF_6 的等电子体。

倘若再考虑到 F 原子能被其等电子体(Cl 或 OH)替代,能衍生出来的物质就更多了,例如 $TeF_6 \rightarrow Te(OH)_6$(碲酸)、$IF_6^+ \rightarrow H_5IO_6$(高碘酸)。其中不乏一些经典的物质,例如,$PCl_6^-$ 是 PCl_5 自耦电离形成的阴离子,$Sb(OH)_6^-$ 可以与 Na^+ 结合生成含钠的不溶盐 $NaSb(OH)_6$,是钠离子的检验方法之一,等等。

看,我们从 SF_6 衍生出来多少重要的物质!

图4.2　SF_6 在一系列物质中起到"典型物质"的模范代表作用

我们再看 CO_2 的等电子体家族。

CO_2 是一个直线形分子,核心元素杂化类型为 sp,分子内存在两个 π_3^4 键,以 CO_2 为典型构建的等电子体都满足上述结构特点。如图 4.3 所示,若将 CO_2 中一个 O 原子替换成等电子的 S 或 N^-,可构成 CNO^-(氰酸根)与 COS;若将另一个氧原子也替换掉,则构成 CN_2^{2-}(氰氨根)、SCN^-(硫氰根)与 CS_2(二硫化碳)。如果将 CO_2 中 C 原子替换成等电子的 N^+,可构成 NO_2^+(硝酰正离子),在此基础上再将 O 原子替换成 N^- 可构成 N_2O、N_3^-(叠氮酸根)。

这些与 CO_2 相关的等电子体都是相当著名的化合物,其中氰酸钠($NaCNO$)是重要的化工原料,氰氨化钙($CaCN_2$)是氰氨法合成氨的重要中间体:

$$CaC_2 + N_2 \xrightarrow{\text{高温}} C + CaCN_2$$
$$CaCN_2 + 3H_2O \xrightarrow{\quad} CaCO_3 + 2NH_3$$

硫氰化钾($KSCN$)因为对 Fe^{3+} 的显色反应而闻名,二硫化碳(CS_2)是常用的溶剂,硝酰正离子(NO_2^+)是硝化反应中重要的中间体,一氧化二氮(N_2O)俗称"笑气",可用作医学麻醉剂与高温火焰的助燃剂。叠氮酸盐由于其不稳定的性质也有非常广泛的应用——叠氮酸钠(NaN_3)用于汽车的安全气囊,叠氮酸铅($Pb(N_3)_2$)、叠氮酸汞($Hg(N_3)_2$)更不稳定,常用于雷管。

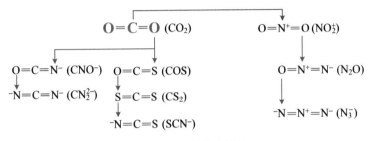

图 4.3 CO_2 的等电子体

除了 VSEPR 理论,等电子体理论为判断分子结构与中心原子杂化类型提供了一种新的思路:我们可以先记住不同杂化方式包含哪些典型物质,再判断目标分子与哪个典型物质是等电子体。表 4.1 列出了一些典型物质与它们的常见等电子体,它们的立体结构如表 4.2 所示。

例 1 请判断 PF_4^-、I_3^+、SOF_4 的立体构型与中心原子杂化方式。

(1) PF_4^- 可看作 4 个 F 原子与 P^-(与 S 是等电子体)形成化学键,故结构应与"典型分子"SF_4 相同。中心原子为 sp^3d 杂化,属于变形四面体结构。

(2) I_3^+ 可看作 2 个 I 原子与 I^+(与 O 是等电子体)形成化学键,故结构应与 I_2O 相同,而它又与 Cl_2O 是等电子体,结构与"典型分子"H_2O 相同。中心原子为 sp^3 杂化,属于 V 型结构。

(3) SOF_4 中 S=O 键可看作 S^+(与 P 是等电子体)与 O^-(与 Cl 是等电子体)的组合,故 SOF_4 与 PCl_5 是等电子体,结构相同。中心原子为 sp^3d 杂化,属于三角双锥型结构。

表 4.1　不同杂化方式的典型物质与它们的常见等电子体

中心原子杂化	键对数目	孤对数目	典型物质	结构	常见等电子体
			N_2	含三键	CO、CN^-、NO^+、C_2^{2-}
sp	2	0	CO_2	直线型	CNO^-、COS、CN_2^{2-}、SCN^-、CS_2、NO_2^+、N_2O、N_3^-
sp^2	3	0	BF_3	平面三角形	CO_3^{2-}、NO_3^-、$COCl_2$、SO_3
	2	1	SO_2	V 型	O_3、NO_2^-、ClO_2^+
sp^3	4	0	CH_4	正四面体	NH_4^+、BH_4^-
			SO_4^{2-}		ClO_4^-、PO_4^{3-}、$POCl_3$、PCl_4^+、SO_2Cl_2、BF_4^-、XeO_4
	3	1	NH_3	三角锥	H_3O^+
			SO_3^{2-}		ClO_3^-、IO_3^-、$SOCl_2$、PCl_3
	2	2	H_2O	V 型	H_2S、NH_2^-、H_2F^+
sp^3d	5	0	PCl_5	三角双锥	SOF_4
	4	1	SF_4	变形四面体	$PbCl_4^{2-}$、$SbCl_4^-$、IOF_3
	3	2	BrF_3	T 型	ICl_3
	2	3	XeF_2	直线型	I_3^-、IBr_2^-、$I(py)_2^+$
sp^3d^2	6	0	SF_6	正八面体	AlF_6^{3-}、SiF_6^{2-}、PF_6^-、H_5IO_6、$Te(OH)_6$、$Sb(OH)_6^-$
	5	1	IF_5	四角锥	$XeOF_4$
	4	2	XeF_4	平面正方形	ICl_4^-
sp^3d^3	7	0	IF_7	五角双锥	
	6	1	XeF_6	变形八面体	IF_6^-

表 4.2　常见杂化方式对应的立体结构

中心原子杂化	轨道数	孤对电子数			
		0	1	2	3
sp	2				
sp²	3				
sp³	4				
sp³d	5				
sp³d²	6				
sp³d³	7				

4.2 根据主族元素推测副族元素的性质

元素周期表中ⅢB～ⅦB的过渡金属元素（甚至可以扩展到 Ru、Os 这两个元素）的最高价化合物与族序数相同的主族元素具有相似性。从价电子排布上看，最高价过渡金属为 d^0 型，而相应的主族元素为 d^{10} 构型，都是稳定的构型。内层轨道是否相差这 10 个 d 电子对化合物结构（甚至性质）影响不大，所以出现很多副族化合物与主族化合物相似的例子，如表 4.3 所示。

表 4.3　副族元素最高价化合物与相应主族元素的相似性

最高化合价		最高价主族元素	最高价副族元素	共性特点
+3	典型元素	Al、Ga、In	Sc、Y、La～Lu	
	典型例子	Al_2O_3 In_2O_3	Sc_2O_3 Y_2O_3	土性（难溶、难熔）
		AlF_6^{3-}	ScF_6^{3-} YF_6^{3-}	稳定的六配位阴离子
+4	典型元素	Si、Ge、Sn	Ti、Zr、Hf	
	典型例子	SiO_2 SnO_2	TiO_2	具有酸性氧化物特点； 溶于碱生成 XO_3^{2-}
		$SiCl_4$ $SnCl_4$	$TiCl_4$ $ZrCl_4$ $HfCl_4$	常温呈液态； 容易水解产生 HCl； 可通过碳氯法进行制备
		SiF_6^{2-} $SnCl_6^{2-}$	TiF_6^{2-} $TiCl_6^{2-}$	稳定的六配位阴离子

最高化合价		最高价主族元素	最高价副族元素	共性特点
+5	典型元素	P、As	V	
	典型例子	P_2O_5 As_2O_5	V_2O_5	具有酸性氧化物特点 溶于碱生成 XO_4^{3-}
		$POCl_3$	$VOCl_3$	容易水解产生 HCl
		$Ca_5(PO_4)_3F$	$Pb_5(VO_4)_3Cl$	天然矿物
+6	典型元素	S、Se	Cr、Mo、W	
	典型例子	SO_3 SeO_3	CrO_3 MoO_3 WO_3	具有酸性氧化物特点 溶于碱生成 XO_4^{2-}
		$(Ba/Pb)SO_4$ Ag_2SO_4	$(Ba/Pb)CrO_4$ Ag_2CrO_4	溶解度很小
		SO_2Cl_2	CrO_2Cl_2	常温下为液体,挥发性 容易水解产生 HCl
		$S_2O_7^{2-}$	$Cr_2O_7^{2-}$	由含氧酸脱水缩合得到, 能够与碱反应生成正盐
+7	典型元素	Cl、Br、I	Mn、Re	
	典型例子	ClO_4^- BrO_4^-	MnO_4^- ReO_4^-	钾盐、铵盐溶解度小
		Cl_2O_7	Mn_2O_7 Re_2O_7	具有酸性氧化物特点, 溶于碱生成 XO_4^-
+8	典型元素	Xe	Ru/Os	
	典型例子	XeO_4 H_4XeO_6	RuO_4/OsO_4 $OsO_2(OH)_4$	强氧化性

4.3 超越等电子体的相似性

除了等电子体的这种"直系亲戚",很多非等电子体的物质间也具有类似的组成与性质。这些例子主要是对现象的总结,有些符合,有些却不符合,有强硬解释的嫌疑。不过这些零散的规律对纷繁复杂的元素化合物倒是有归类与辅助记忆的作用。

1. 对角线规则

在元素周期表中,某些主族元素与其右下方的主族元素有些性质是相似的(具体见表 4.4),这种相似性称为对角线规则。对角线规则的产生基于元素周期律——从左到右元素的金属性减弱,从上到下元素的金属性增强。因此,先向右后向下的两次移动,使得对角线上的两个元素表现出来的化学性质有相似之处。

虽然对角线规则大名鼎鼎,但能够符合这个规律的只有几组元素——Li 与 Mg,Be 与 Al,B 与 Si,其余组合则差得相对较远。

表 4.4　对角线规则中元素的相似性

元素	相似性
Li 与 Mg	(1) Li^+ 与 Mg^{2+} 都属于硬酸,亲氧亲氟,故 LiF 与 MgF_2 都是难溶物,Li_2CO_3 与 $MgCO_3$ 都是微溶物,不过 LiOH 溶解度要比 $Mg(OH)_2$ 大一些。 (2) 两种金属与氧气反应只能生成普通氧化物而无法生成过氧化物,这是由于两种离子半径太小,与 O_2^{2-} 的半径不匹配,导致过氧化物的晶格能较小。 (3) 两种金属能直接与 N_2 反应生成氮化物,而这是其他碱金属都做不到的,原因同样与 Li_3N、Mg_3N_2 的晶格能较大有关。

元素	相似性
Be 与 Al	（1）Be^{2+} 与 Al^{3+} 都属于硬酸，二者的氧化物不溶于水且熔点极高，其氟化物也不溶于水，并能够与氟形成络离子 BeF_4^{2-}、AlF_6^{3-}。 （2）两者都属于典型的两性元素，其金属单质或氢氧化物溶于酸生成简单离子 Be^{2+} 与 Al^{3+}，溶于碱生成 $Be(OH)_4^{2-}$ 与 $Al(OH)_4^-$（也有写成 BeO_2^{2-} 与 AlO_2^- 的）。 （3）两种元素的氯化物都是分子晶体，且都有氯桥键，其中 Al_2Cl_6 是二聚物，$BeCl_2$ 能形成长链多聚物$(BeCl_2)_n$。
B 与 Si	（1）B 与 Si 是亲氧的非金属元素，二者的氧化物熔点都极高。 （2）二者的氟化物、氯化物都是低沸点的共价化合物，且都是强路易斯酸。 （3）两种元素对 F、O、Cl 的亲和力依次减弱，因此二者的氟化物在水中部分水解，而二者的氯化物在水中完全水解。

2. 另一种意义上的对角线规则

在元素周期表中，相隔两主族的主族元素 A、B（A 在 B 的左侧）之间，A 的最高价化合物往往与 B 的次高价化合物性质类似。与人尽皆知的对角线规则相比，这个规律的名气小多了，甚至没有一个"官方"的名字。这里只举几个例子说明一下。

（1）CO_2 与 SO_2 的相似性。若不考虑 SO_2 的氧化还原反应，二者作为酸性氧化物的性质几乎是一致的：① 二者能溶于水且与水反应生成不稳定的二元弱酸（H_2CO_3、H_2SO_3），两种酸遇热即可发生逆反应分解；② 二者与碱反应会根据过量与否生成正盐（Na_2CO_3、Na_2SO_3）或酸式盐（$NaHCO_3$、$NaHSO_3$）；③ 二者的正盐中，钙盐、钡盐不溶于水，而酸式盐是可溶的；④ 二者的酸式盐加热可以分解产生气体；⑤ 两种气体都可以通过强酸与对应的盐反应得到。

（2）HNO_3 与 $HClO_3$ 的相似性。平时我们很少接触 $HClO_3$，

对它的了解也远不如硝酸。实际它与硝酸具有很多相似之处，甚至包括气味都是极其相似的。首先，它们都是挥发性的强酸，具有很强的氧化能力。其次，二者作为氧化剂时，还原产物的化合价与酸的浓度、还原剂的强弱同时相关——酸越稀，还原剂越强，则还原产物化合价越低。例如，浓硝酸的还原产物一般是 NO_2，稀硝酸的还原产物是 NO；浓氯酸的还原产物一般是 ClO_2，稀氯酸的还原产物是 Cl_2。随着酸的进一步稀释与还原剂的进一步增强，硝酸可能出现 N_2O、N_2 甚至 NH_4^+ 等低价还原产物，而氯酸可能出现还原产物 Cl^-。

（3）NO_2（或 N_2O_4）与 ClO_2（或 I_2O_4）的相似性。NO_2 是一种顺磁性分子，它能够可逆地发生二聚反应生成 N_2O_4，这个反应大名鼎鼎，是很多初学者学习化学平衡时的"梦魇"。ClO_2 也是一种顺磁性分子，虽然 ClO_2 本身无法发生二聚反应，但与之价态相同的碘的氧化物则以二聚体（I_2O_4）的形式存在。有趣的是，N_2O_4 与 I_2O_4 都会以改变化合价的方式自耦电离：$N_2O_4 \rightleftharpoons NO^+ + NO_3^-$，$I_2O_4 \rightleftharpoons IO^+ + IO_3^-$。$N_2O_4$ 与 I_2O_4 作为氧化剂的原理也非常相似，都是自耦电离出的阳离子作氧化剂，自耦电离出的阴离子不参与反应。图 4.4 显示了 N_2O_4 与 Cu 反应、I_2O_4 与水反应的机理。

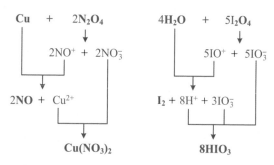

图 4.4　N_2O_4 与 Cu 反应、I_2O_4 与水反应的机理

NO_2、ClO_2 的电子结构如图 4.5 所示。二者的结构均以 SO_2 为基础(π_3^4＋孤对电子),其中 N 比 S 少 1 个价层电子,这个电子要从孤对电子中扣除,故 NO_2 的结构是 π_3^4＋单电子;Cl 比 S 多 1 个价层电子,这个电子要加在离域 π 键上,故 ClO_2 的结构是 π_3^5＋孤对电子。离域 π 键中单电子更稳定,因此,ClO_2 不会像 NO_2 一样发生二聚反应。

图 4.5　NO_2、ClO_2 与 SO_2 的结构关系

4.4　其他从典型物质类比的实例

1. 矾家族

带结晶水的硫酸盐被称为矾,矾分为单盐和复盐。

含＋2 价金属离子的矾的单盐一般含有 5 个或 7 个结晶水。其中 4 个或 6 个水分子在内界,与金属阳离子结合成 $M(H_2O)_4^{2+}$ 或 $M(H_2O)_6^{2+}$;这些水合阳离子与外界的 1 个水分子、SO_4^{2-} 再共同组合成晶体,例如 $MgSO_4 \cdot 7H_2O$、$FeSO_4 \cdot 7H_2O$、$CuSO_4 \cdot 5H_2O$ 等。$CuSO_4 \cdot 5H_2O$ 的晶体结构如图 4.6 所示。

与单盐相比,复盐的晶格能更大,故密度更大,溶解度更小,稳定性更高。矾的复盐有两种主流结构,分别以明矾 ($KAl(SO_4)_2 \cdot 12H_2O$) 与摩尔盐 ($(NH_4)_2Fe(SO_4)_2 \cdot 6H_2O$) 为代表。在此基础上,将其中任一离子换成半径、化合价相同的离子,大概率能够维持晶格的稳定性,得到新的复盐,常见的例子如表 4.5 所示。2019 年初赛考题涉及铁铵矾($(NH_4)Fe(SO_4)_2 \cdot 12H_2O$)化学式的推断,如果对复盐有所了解,可以直接确定其化学式。

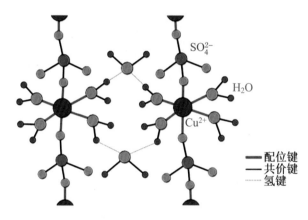

图 4.6　$CuSO_4 \cdot 5H_2O$ 的晶体结构示意图

表 4.5　典型矾的通式与一些例子

矾的通式	典型物质	可替换的离子
$A^{II}SO_4 \cdot 7H_2O$	$MgSO_4 \cdot 7H_2O$	$A^{II} = Fe^{2+}$、Zn^{2+}、Co^{2+}、Ni^{2+}
$A^{II}SO_4 \cdot 5H_2O$	$CuSO_4 \cdot 5H_2O$	
$A^{I}B^{III}(SO_4)_2 \cdot 12H_2O$	$KAl(SO_4)_2 \cdot 12H_2O$	$A^{II} = K^+$、NH_4^+、Rb^+ $B^{III} = Al^{3+}$、Fe^{3+}、Cr^{3+}
$A_2^{I}B^{II}(SO_4)_2 \cdot 6H_2O$	$(NH_4)_2Fe(SO_4)_2 \cdot 6H_2O$	$A^{II} = NH_4^+$ $B^{II} = Fe^{2+}$、Cu^{2+}

注:A^{II} 表示化合价为 +2 的金属阳离子,其余类推。

2. 尖晶石家族

尖晶石家族是一大类化合物,通式为 $A^{II}B_2^{III}O_4$,从结构上可分为正尖晶石(以 $MgAl_2O_4$ 为代表)与反尖晶石(以 $Fe^{II}Fe_2^{III}O_4$

为代表)两大类。它们的晶体结构十分复杂(详见图 4.7),简单来说,这两种结构都是 O^{2-} 作面心立方堆积。正尖晶石中 A^{II} 占据 12.5％的四面体空隙,B^{III} 占据 50％的八面体空隙;反尖晶石中 B^{III} 占据 12.5％的四面体空隙,A^{II} 与 B^{III} 共同占据 50％的八面体空隙(见表 4.6)。无论是哪种尖晶石形式,它们都比各自的简单氧化物(AO、B_2O_3)稳定,具有更大的密度、硬度、熔点与晶格能。

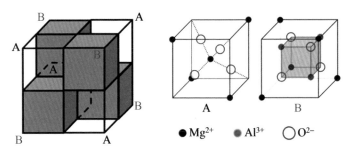

●Mg^{2+}　●Al^{3+}　○O^{2-}

图 4.7　$MgAl_2O_4$ 晶体结构示意图

表 4.6　O^{2-}、A^{II}、B^{III} 在一个面心立方晶胞中的位置与平均数量

晶体结构	O^{2-}	A^{II}	B^{III}
正尖晶石	面心立方堆积(4)	四面体空隙(1)	八面体空隙(2)
反尖晶石	面心立方堆积(4)	八面体空隙(1)	四面体空隙(1) 八面体空隙(1)

以尖晶石($MgAl_2O_4$)为典型物质,并用其他二价、三价离子替换其中的 Mg^{2+}、Al^{3+},能够大概率获得尖晶石(反尖晶石)结构的复合氧化物,如铬铁矿($FeCr_2O_4$)、钒锌矿(ZnV_2O_4)等。特别地,如果二价、三价离子来自同一金属元素,则构成通式为 M_3O_4 的混合价态氧化物,例如 Fe_3O_4、Mn_3O_4。这类氧化物一般是该金属能够形成的热力学最稳定的氧化物,也是高温加热时该元素氧化物的最终归宿,例如:

$$MnC_2O_4 \Longrightarrow MnO+CO\uparrow+CO_2\uparrow \quad （低温加热）$$

$$3MnC_2O_4 \Longrightarrow Mn_3O_4+4CO\uparrow+2CO_2\uparrow \quad （高温加热）$$

$$FeCO_3 \Longrightarrow FeO+CO_2\uparrow \quad （低温加热）$$

$$3FeCO_3 \Longrightarrow Fe_3O_4+CO\uparrow+2CO_2\uparrow \quad （高温加热）$$

$$6Fe_2O_3 \Longrightarrow 4Fe_3O_4+O_2\uparrow \quad （高温加热）$$

若不论 A、B 元素的化合价,很多化学式符合 AB_2X_4 的物质都具有类似尖晶石(反尖晶石)的晶胞结构,并获得了额外的晶格能。包括这类物质在内,常见的具有尖晶石结构的物质如表 4.7 所示。

表 4.7 常见的具有尖晶石结构的物质

化合价类型	物质	A	B	X
典型化合价	$MgAl_2O_4$（尖晶石）	Mg^{2+}	Al^{3+}	O^{2-}
	$FeCr_2O_4$（铬铁矿）	Fe^{2+}	Cr^{3+}	O^{2-}
	Fe_3O_4（磁铁矿）	Fe^{2+}	Fe^{3+}	O^{2-}
	Mn_3O_4	Mn^{2+}	Mn^{3+}	O^{2-}
非典型化合价	Mg_2TiO_4	Ti^{4+}	Mg^{2+}	O^{2-}
	Pb_3O_4	Pb^{4+}	Pb^{2+}	O^{2-}
	Na_2WO_4	W^{6+}	Na^+	O^{2-}
	Li_2BeF_4	Be^{2+}	Li^+	F^-
	Cu_2HgI_4	Hg^{2+}	Cu^+	I^-

4.5 从典型反应演绎新的反应

Na 与 Cl 的知识是高中化学必修课程中涉及的元素知识,很多竞赛生认为教材中的反应过于简单,这种想法是不正确的。这些反应都是最重要的典型反应,处于"榜样"的地位。很多艰深复杂的反应实质都是这些反应的拓展与变形。

1. 钠与水的反应

钠与水的反应非常基础,基础到什么程度呢?我认识很多学生家长,虽然他们学过的化学知识早已还给了老师,但对这个反应却还颇有印象。这个反应属于典型反应,可以拓展出很多类似的反应:Na 可以换成 K、Ca 等特别活泼的金属,Mg 在加热时能发生类似反应,Fe 在高温时也能发生类似反应(生成 Fe_3O_4)。更重要的是,这个反应告诉我们像 Na、K 等金属能够打破"金属只能与酸反应"的桎梏,将反应物拓展到其他类别的含氢化合物中。例如,乙醇、氨、尿素、环戊二烯等物质都能与钠发生类似的反应并生成氢气。

典型反应:

$$2H_2O + 2Na = 2NaOH + H_2\uparrow$$

衍生反应:

$$2C_2H_5OH + 2Na = 2C_2H_5ONa + H_2\uparrow$$

$$2NH_3 + 2Na = 2NaNH_2 + H_2\uparrow$$

$$2CO(NH_2)_2 + 2Na = 2Na^+[^-NHCONH_2] + H_2\uparrow$$

$$2C_5H_6 + 2Na = 2Na^+C_5H_5^- + H_2\uparrow$$

2. 过氧化钠的相关反应

Na_2O_2 也是重要的典型物质,其意义与重要性远超过这个物质本身,作为非经典化合价氧化物的"榜样",所有过氧化物、超氧化物、臭氧化物发生的化学反应几乎都能与 Na_2O_2 直接类比。例如,这些物质可以通过单质氧与金属反应直接生成,与水或二氧化碳反应生成氧气。

典型反应:

$$2Na + O_2 \xrightarrow{\triangle} Na_2O_2$$

$$2Na_2O_2 + 2H_2O = 4NaOH + O_2\uparrow$$

$$2Na_2O_2 + 2CO_2 \rightleftharpoons 2Na_2CO_3 + O_2$$

衍生反应：

$$K + O_2 \xrightarrow{\triangle} KO_2$$

$$4KO_2 + 2H_2O \rightleftharpoons 4KOH + 3O_2 \uparrow$$

$$4KO_2 + 2CO_2 \rightleftharpoons 2K_2CO_3 + 3O_2$$

$$Rb + O_3 \xrightarrow{\triangle} RbO_3$$

$$4RbO_3 + 2H_2O \rightleftharpoons 4RbOH + 5O_2 \uparrow$$

$$4RbO_3 + 2CO_2 \rightleftharpoons 2Rb_2CO_3 + 5O_2$$

3. 氯气与碱的反应

氯气与碱的反应也是重要的典型反应。实际上,绝大多数的非金属单质在强碱作用下都可以发生歧化反应,只是具体的化合价、物质形态、反应条件有一些区别而已。

典型反应：

$$Cl_2 + 2NaOH \rightleftharpoons NaClO + NaCl + H_2O$$

衍生反应：

$$3I_2 + 6NaOH \rightleftharpoons NaIO_3 + 5NaI + 3H_2O$$

$$3S + 6NaOH \rightleftharpoons Na_2SO_3 + 2Na_2S + 3H_2O$$

$$P_4 + 3NaOH + 3H_2O \rightleftharpoons 3NaH_2PO_2 + PH_3 \uparrow$$

$$3C + CaO \rightleftharpoons CO \uparrow + CaC_2$$

看到了吧,这就是典型反应的威力。通过对典型反应的不断演绎与类比,我们能够理解与掌握大量陌生的化学反应,哪怕它们看起来毫不相关。

4.6　其他从典型反应推广的实例

还有一些高中课程标准不涉及的典型反应案例，这些反应也具有超越物质本身的相似性，十分有趣。

1. 让一部分先"富"起来

如图 4.8 所示，BF_3 与 HF、H_2O 反应的方程式为

$$BF_3 + HF \Longrightarrow HBF_4$$

$$4BF_3 + 3H_2O \Longrightarrow 3HBF_4 + B(OH)_3$$

这两个方程式我们该如何理解呢？我们知道 +3 价的硼属于硬酸，十分亲氟，溶液中如果有 F^- 就会优先与 F^- 结合生成稳定的 BF_4^-；如果没有 F^-，则 BF_3 会先水解一部分产生 F^-，以供剩余的 BF_3 结合生成 BF_4^-。从形式上看，第二个反应使用"让一部分人先富起来"的策略——既然 F^- 不足以使所有的硼元素转化为 BF_4^-，索性先将一部分硼用 F^- 填充完整，生成 BF_4^-；剩余的硼退而求其次，用 OH^- 去填补，生成 $B(OH)_3$。

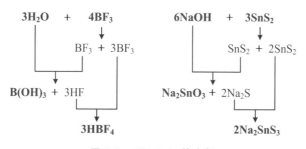

图 4.8　BF_3、SnS_2 的水解

这个反应思路还可以拓展到其他含氟化合物，例如 SiF_4、NH_3BF_3 的水解反应。而像 SnS_2、As_2S_5 这样"软"酸碱的结合也

有类似的反应原理与反应形式,具体见表 4.8。

表 4.8　与 BF₃ 具有类似形式的化学反应

反应形式	反应物	反应方程式
反应形式 I	BF₃（典型物质）	$BF_3 + HF = HBF_4$
	SiF₄	$SiF_4 + 2HF = H_2SiF_6$
	NH₃BF₃	$NH_3BF_3 + HF = NH_4^+ BF_4^-$
	SnS₂	$SnS_2 + Na_2S = Na_2SnS_3$
	As₂S₅	$As_2S_5 + 3Na_2S = 2Na_3AsS_4$
反应形式 II	BF₃（典型物质）	$4BF_3 + 3H_2O = 3HBF_4 + B(OH)_3$
	SiF₄	$3SiF_4 + 3H_2O = 2H_2SiF_6 + H_2SiO_3$
	NH₃BF₃	$4NH_3BF_3 = 3NH_4^+ BF_4^- + BN$
	SnS₂	$3SnS_2 + 6NaOH = 2Na_2SnS_3 + Na_2SnO_3 + 3H_2O$
	As₂S₅	$4As_2S_5 + 24NaOH = 5Na_3AsS_4 + 3Na_3AsO_4 + 12H_2O$

2. 非水溶剂中的广义酸碱反应

我们先看两道题目:

问题 1　AlF₃ 不溶于 HF 中,但能溶于 NaF 的 HF 溶液中,请用方程式表述原因。

问题 2　在液态 SO₂ 中,AlCl₃ 与 Na₂SO₃ 反应先产生沉淀,然后沉淀消失,再加入 SOCl₂ 又产生沉淀,请用方程式表述原因。

如果你对这两个问题没有任何作答思路,大概率是对"非水溶剂中的酸碱反应"不熟悉。像液态 HF、SO₂ 被称为非水溶剂,在非水溶剂中也能发生酸碱反应,可以与水溶液的行为进行类比。

我们先回忆一下水溶液中的行为。纯水能够发生微弱的电离:$2H_2O \rightleftharpoons H_3O^+ + OH^-$,这种电离方式被称为自耦电离。其中"耦"是耦合的简称,指相互作用。"自耦"就是自己与自己的相互作用。对于这个具体反应,就是指两个水分子($2H_2O$)之间发生相互作用,产生了一个阳离子(H_3O^+)和一个阴离子(OH^-)。这个"相互作用"的过程的本质是质子转移。

自耦电离是可逆反应,如果溶液中 H_3O^+ 与 OH^- 过多就会发生逆反应:$H_3O^+ + OH^- \rightleftharpoons 2H_2O$。这个反应被称为酸碱中和反应,酸碱中和过程的本质也是质子转移。如果再为 H_3O^+ 与 OH^- 各指派一个反号离子(例如 Cl^- 和 Na^+),就可以将离子方程式改造成化学方程式:$HCl + NaOH \rightleftharpoons NaCl + H_2O$。

可以发现,在上述质子转移过程中,水分子只起到搭载质子的作用,没有起到影响反应的决定性作用。这就意味着若换一个能够搭载质子的分子,同样能够发生自耦电离,例如,$2NH_3 \rightleftharpoons NH_4^+ + NH_2^-$,$2HAc(乙酸) \rightleftharpoons H_2Ac^+ + Ac^-$。类似地,在这些非水溶剂中也能发生酸碱中和反应:$NaNH_2 + NH_4Cl \rightleftharpoons 2NH_3 + NaCl$,$H_2Ac^+ClO_4^- + NaAc \rightleftharpoons 2HAc + NaClO_4$。

如果非水溶剂中不含有氢元素,能否发生类似的反应呢?

事实上,质子也不是自耦电离的决定性要素。如果非水溶剂中存在其他离子(例如 Cl^- 和 O^{2-}),那么这些离子的转移会替代质子转移,成为自耦电离新的本质。例如,PCl_5 的自耦电离实质是 Cl^- 的转移,SO_2、N_2O_5 的自耦电离实质是 O^{2-} 的转移:

$$2PCl_5 \rightleftharpoons PCl_4^+ + PCl_6^-$$
$$2SO_2 \rightleftharpoons SO^{2+} + SO_3^{2-}$$
$$N_2O_5 \rightleftharpoons NO_2^+ + NO_3^-$$

在一些典型溶剂中,自耦电离与酸碱中和的方式如表 4.9 所示。从形式上看,无论哪种电离方式,都是溶剂分子内部发生了离子转移,生成了一个比之前"多一点儿东西的离子"和"少一点儿东西的离子"。其中,阳离子可类比为水溶液中的 H^+(H_3O^+),阴离子可类比为水溶液中的 OH^-。而含有对应阳离子、阴离子的物质则成为该溶剂条件下的酸、碱。可以看出来,虽然表 4.9 中的例子看上去十分复杂,但实际上只是典型反应的类比与延伸,用复杂的形式唬人罢了。

表 4.9　一些典型溶剂中自耦电离与酸碱中和的实例

溶剂	酸阳离子	碱阴离子	中和反应实例(酸＋碱＝＝盐＋溶剂)
H_2O	H_3O^+	OH^-	$[H_3O^+]Cl^- + NaOH \Longrightarrow NaCl + 2H_2O$ (典型反应)
NH_3	NH_4^+	NH_2^-	$NH_4Cl + NaNH_2 \Longrightarrow NaCl + 2NH_3$
H_2SO_4	$H_3SO_4^+$	HSO_4^-	$[H_3SO_4^+][B(OSO_3H)_4^-] + NaHSO_4 \Longrightarrow$ $NaB(OSO_3H)_4 + 2H_2SO_4$
HF	H_2F^+	HF_2^-(F^-)	$[H_2F]SbF_6 + KHF_2 \Longrightarrow KSbF_6 + 3HF$
PCl_5	PCl_4^+	PCl_6^-	$[PCl_4]AlCl_4 + [N(CH_3)_4]PCl_6 \Longrightarrow$ $[N(CH_3)_4]AlCl_4 + 2PCl_5$
BrF_3	BrF_2^+	BrF_4^-	$(BrF_2)_2PbF_6 + 2KBrF_4 \Longrightarrow K_2PbF_6 + 4BrF_3$
SO_2	SO^{2+}	SO_3^{2-}	$SOCl_2 + Na_2SO_3 \Longrightarrow 2NaCl + 2SO_2$
N_2O_5	NO_2^+	NO_3^-	$[NO_2]AlCl_4 + LiNO_3 \Longrightarrow LiAlCl_4 + N_2O_5$
N_2O_4	NO^+	NO_3^-	$NOCl + LiNO_3 \Longrightarrow LiCl + N_2O_4$

除酸碱反应外,很多化学反应与自耦电离密切相关。例如,将 N_2O_4 通过填满 KCl 的玻璃管可发生复分解反应生成 NOCl,反应方程式为 $N_2O_4 + KCl \Longrightarrow NOCl + KNO_3$。可以理解为

N_2O_4 先自耦电离产生 NO^+，NO^+ 再与 Cl^- 结合成具有挥发性的 $NOCl$。前文中介绍了 N_2O_4 参与的氧化还原反应：$Cu + 2N_2O_4 \Longrightarrow 2NO + Cu(NO_3)_2$，可以认为是自耦电离产生的阳离子 (NO^+) 被 Cu 还原，而阴离子 (NO_3^-) 不参与氧化还原反应，仅与 Cu^{2+} 结合成盐而已。这两个复杂反应分别可以与水溶液中的类似反应进行类比，如表 4.10 所示。

表 4.10　用水的行为类比 N_2O_4 的行为

反应类别	水的行为	N_2O_4 的行为
自耦电离	$2H_2O \Longrightarrow H_3O^+ + OH^-$	$N_2O_4 \Longrightarrow NO^+ + NO_3^-$
阳离子参与的复分解	$AlCl_3$（无水）$+ H_2O \Longrightarrow$ $AlCl_2(OH) + HCl$	$KCl + N_2O_4 \Longrightarrow KNO_3$ $+ NOCl$
阳离子被还原	$Ca + 2H_2O \Longrightarrow H_2 + Ca(OH)_2$	$Cu + 2N_2O_4 \Longrightarrow 2NO +$ $Cu(NO_3)_2$

有时阳离子参与的复分解反应、氧化还原反应可以同时进行。例如，N_2O_5 与 CoF_2，N_2O_5 与 Au 的反应可用图 4.9 所示的方式理解。

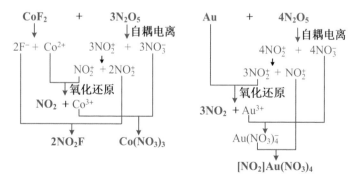

图 4.9　N_2O_5 与 CoF_2 的反应（左）和 N_2O_5 与 Au 的反应（右）

最后，我们再看 50 页的开始的两个问题。

根据本节的思想，我们可以将非水溶剂 HF、SO_2 类比为水，NaF、Na_2SO_3 类比为 NaOH（强碱），AlF_3、$Al_2(SO_3)_3$ 类比为 $Al(OH)_3$（两性），$SOCl_2$ 类比为 HCl（酸）。如果将问题中的物质按照上面的类比规则替换，这两个问题就会变成这样：

问题 1 $Al(OH)_3$ 不溶于 H_2O 中，但能溶于 NaOH 的水溶液中。

问题 2 在液态 H_2O 中，$AlCl_3$ 与 NaOH 反应先产生沉淀，然后沉淀消失，再加入 HCl 又产生沉淀，请用方程式表述其原因。

这样看来是不是简单多了？它们对应的化学方程式与 Al(Ⅲ) 和 NaOH、HCl 的反应类似，具体如表 4.11 所示。

表 4.11 不同溶剂条件下 Al(Ⅲ) 与酸、碱的反应

反应类型		化学方程式
沉淀生成	水溶液（典型反应）	$AlCl_3 + 3NaOH == 3NaCl + Al(OH)_3$
	HF 溶液	$AlCl_3 + 3NaF == 3NaCl + AlF_3$
	SO_2 溶液	$2AlCl_3 + 3Na_2SO_3 == 6NaCl + Al_2(SO_3)_3$
沉淀溶解	水溶液（典型反应）	$Al(OH)_3 + NaOH == NaAl(OH)_4$
	HF 溶液	$AlF_3 + 3NaF == Na_3AlF_6$
	SO_2 溶液	$Al_2(SO_3)_3 + Na_2SO_3 == 2Na^+ Al(SO_3)_2^-$
重新沉淀	水溶液（典型反应）	$NaAl(OH)_4 + HCl == NaCl + H_2O + Al(OH)_3$
	HF 溶液	$Na_3AlF_6 + 3HClO_4 == 3NaClO_4 + 3HF + AlF_3$
	SO_2 溶液	$2Na^+ Al(SO_3)_2^- + SOCl_2 == 2NaCl + 2SO_2 + Al_2(SO_3)_3$

5

组合与叠加——化繁为简的好办法

学习元素化学知识时,尽管可以寻找典型物质进行类比,但仍有很多复杂的物质没有可类比的合适物质。此时我们可以使用组合法或叠加法理解它们。所谓组合法(叠加法),就是**将复杂的物质理解为几个简单物质的组合,将复杂的反应理解为几个简单反应的叠加**。这种理解方式不一定代表化学反应的真实过程,但不失为一种化繁为简、方便理解与记忆的好方法。

5.1 从组合的角度认识复杂物质

对于一些复杂物质,我们可以将这个复杂物质视为两个简单部分的组合。在化学反应中,这两个部分要么分别参与了各自的反应;要么只有其中一个部分参与了反应,另一个部分直接转化成了生成物。以图5.1为例,在这个形如 A+B══C+D 的反应中,A 可以认为是"卡车"与"塔尖"的组合,"塔尖"与 B 反应后生成了 C,余下的"卡车"(D)则是另外一种生成物。

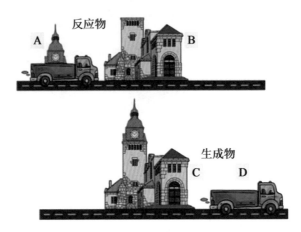

图 5.1　利用组合法理解化学反应

1. 臭氧的反应

O_3 作为氧化剂时一般不是 3 个氧原子同时被还原,而是其中一个氧原子被还原,其余部分转化为 O_2。我们可以理解为 O_3 是 1 个 O 原子与 1 个 O_2 分子的组合,或者是 1 个 O_2"搭载"了 1 个 O 原子。发生氧化还原反应时,其中的 O 原子作为氧化剂使用,O_2 则不参与反应,原封不动地作为生成物释放了出来。

以 I^- 与 O_3 的反应为例:$O_3 + 2I^- + H_2O \Longrightarrow O_2 + I_2 + 2OH^-$,其反应原理见图 5.2。

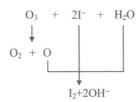

图 5.2　用组合法理解 I^- 与 O_3 的反应

2．焦硫酸钾的反应

焦硫酸钾（$K_2S_2O_7$）是一种常见的缩合盐，它能与水缓慢反应生成 $KHSO_4$：$K_2S_2O_7 + H_2O \rule[0.5ex]{2em}{0.4pt} 2KHSO_4$，也能与 Cr_2O_3 等氧化物在高温下发生固相反应生成对应的硫酸盐：$3K_2S_2O_7 + Cr_2O_3 \rule[0.5ex]{2em}{0.4pt} 3K_2SO_4 + Cr_2(SO_4)_3$。我们可以理解为 $K_2S_2O_7$ 是 1 份 K_2SO_4"搭载"了 1 份 SO_3。发生反应时，SO_3 单独与水或 Cr_2O_3 反应，K_2SO_4 则被剩了下来作为生成物，如图 5.3 所示。

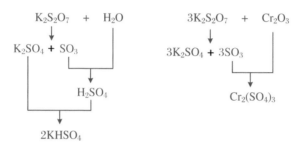

图 5.3　用组合法理解 $K_2S_2O_7$ 参与的反应

3．硫代硫酸钠的反应

硫代硫酸钠（$Na_2S_2O_3$）可以认为是 $S + Na_2SO_3$ 或 $Na_2S + SO_3$ 的组合，根据实际反应情况可以进行不同形式的拆分。例如，$Na_2S_2O_3$ 遇酸发生分解反应（1），$Na_2S_2O_3$ 与 CN^- 的反应（2）可以按前面的组合方式理解；$Na_2S_2O_3$ 与 Zn^{2+} 发生反应（3），$Ag(S_2O_3)_2^{3-}$ 的分解反应（4）可以按后面的组合理解。四者假想的反应过程如图 5.4 所示。

$$S_2O_3^{2-} + 2H^+ \rule[0.5ex]{2em}{0.4pt} S + SO_2 + H_2O \tag{1}$$

$$S_2O_3^{2-} + CN^- \rule[0.5ex]{2em}{0.4pt} SCN^- + SO_3^{2-} \tag{2}$$

$$Zn^{2+} + S_2O_3^{2-} + H_2O \rule[0.5ex]{2em}{0.4pt} ZnS + 2H^+ + SO_4^{2-} \tag{3}$$

$$2Ag(S_2O_3)_2^{3-} + H_2O \rule[0.5ex]{2em}{0.4pt} 3S_2O_3^{2-} + Ag_2S + 2H^+ + SO_4^{2-} \tag{4}$$

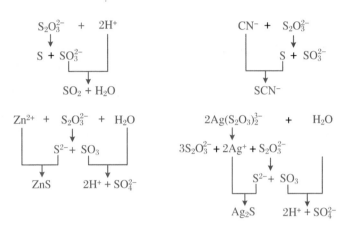

图 5.4　用组合法理解 $Na_2S_2O_3$ 参与的反应

4. 笑气、叠氮酸的反应

笑气(N_2O)是一种神奇的小分子。抛开其生物活性，在化学反应中 N_2O 兼具"稳定"与"高能"两种矛盾的性质。首先，N_2O 与 CO_2 是等电子体，具有较高的键能，在动力学上稳定；在发生化学反应时，N_2O 可看作 N_2 与 O 原子的组合，O 原子发生氧化反应，同时 N_2 作为生成物。由于 N_2 的超高稳定性，使得 N_2O 的生成焓高达 $+81.6\ kJ/mol$，在氮的氧化物中，其稳定性仅次于 NO 排名第二，在热力学上可谓"高能"。利用其高能的特性，N_2O-乙炔火焰常用作原子发射光谱的火焰，能产生 $4500\ K$ 以上的高温，方程式为

$$5N_2O + C_2H_2 =\!=\!= 5N_2 + H_2O + 2CO_2$$

叠氮酸以爆炸性分解的"暴脾气"著称。除此之外，叠氮酸还是一种中等强度的氧化剂，可以将 Cu、Zn 等金属氧化。与 N_2O 类似，我们可以将 N_3^- 看作 N_2 与 $N(-1$ 价$)$ 的组合，其中 $N(-1$ 价$)$ 可作为氧化剂使用，还原产物为 NH_4^+：

$$Cu + 4H^+ + N_3^- =\!=\!= Cu^{2+} + NH_4^+ + N_2$$

其反应过程如图 5.5 所示。

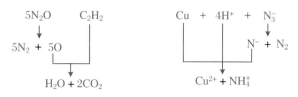

图 5.5　用组合法理解 N_2O、N_3^- 参与的反应

5.2　从叠加的角度认识复杂反应

与认识物质的过程类似,我们在学习陌生化学反应时也可以将复杂的反应理解为几个简单反应连续多步进行。值得注意的是,有些拆分符合真实反应过程,有些拆分则是我们的"一厢情愿",不符合真实反应过程,只具备帮助理解、记忆的功能。

1. 缓释剂参与的反应

在金属硫化物、碳酸盐的制备中,如果直接使用 Na_2S、Na_2CO_3 参与反应,生成物中会不可避免地混入由水解产生的氢氧化物,影响产品纯度。为了避免这种情况,我们一般使用硫脲（$CS(NH_2)_2$）、硫代硫酸钠、硫代乙酰胺（CH_3CSNH_2）等中性化合物替代碱性的 Na_2S,使用中性的尿素替代碱性的 Na_2CO_3:

$$CH_3CSNH_2 + 2H_2O + Zn^{2+} \Longrightarrow NH_4^+ + CH_3COOH + H^+ + ZnS \downarrow$$
$$CO(NH_2)_2 + 2H_2O + Zn^{2+} \Longrightarrow 2NH_4^+ + ZnCO_3 \downarrow$$

这些中性的化合物被称为缓释剂,它们在水中缓慢地水解出少量的 S^{2-} 或 CO_3^{2-} 作为中间产物,再由它们与金属离子反应生成沉淀,反应过程如图 5.6 所示。在总反应方程式中,中间产物 S^{2-} 或 CO_3^{2-} 并不会出现。

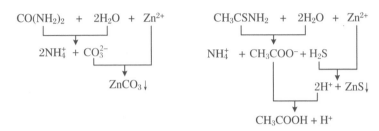

图 5.6　用组合法理解缓释剂参与的反应：尿素(左)，硫代乙酰胺(右)

2. 反应间的耦合

由于 SiO_2 比 $SiCl_4$ 稳定得多，故 SiO_2 向 $SiCl_4$ 的转化：$SiO_2 + 2Cl_2 \longrightarrow SiCl_4 + O_2$ 是吸热反应且平衡常数很小，以至于几乎无法发生。倘若我们在体系中再引入焦炭，使焦炭与生成的 O_2 发生反应：$2C + O_2 \longrightarrow 2CO$。该反应是放热反应，所放出的热量能够弥补之前反应吸收的热量，使得总反应：$SiO_2 + 2Cl_2 + C \longrightarrow SiCl_4 + 2CO$ 的热效应是放热。也可以理解为第二个反应的平衡常数很大，能将第一个反应生成的 O_2 除去，从而不断推动其正向进行，这种效应被称为反应之间的耦合。

这种将氧化物转化为氯化物的方法使用了氯与碳的单质，故被称为碳氯法。碳氯法可以将 Si、Sn、Ti、Hf、B 等亲氧元素的氧化物转化为氯化物，在工业上有重要的应用。制备氮化铝(AlN) 的方法：$Al_2O_3 + 3C + N_2 \longrightarrow 2AlN + 3CO$ 与碳氯法类似，也利用了反应间的耦合。除此之外，上文所提及的缓释剂原理与下文中的四大平衡联动，其本质也可以看作反应间的耦合。

5.3　方程式叠加

将方程式配平是高中学生的必备技能，更是竞赛生滚瓜烂熟的基本功。本节我们介绍一种方程式配平的思路——我们可以将复杂的方程式拆解成几个简单的方程式并逐一配平,再将这些方程式按比例叠加起来。由于方程式配平可以看作找平元素、电荷守恒的"数学游戏",运用组合法配平方程式可以无视真实的反应过程,以简便为原则对反应物进行拆分。

以 $K_4Fe(CN)_6$ 与酸性 $KMnO_4$ 溶液的反应为例,该方程式的难点在于配平下列离子方程式:

$$Fe(CN)_6^{4-}+MnO_4^-+H^+ \longrightarrow Fe^{3+}+NO_3^-+CO_2+Mn^{2+}+H_2O$$

此时我们可以将 $Fe(CN)_6^{4-}$ 拆解为 $Fe^{2+}+6CN^-$,然后分别配平两个物质与 MnO_4^- 的反应:

$$5Fe^{2+}+MnO_4^-+8H^+ \Longrightarrow 5Fe^{3+}+Mn^{2+}+4H_2O$$

$$CN^-+2MnO_4^-+6H^+ \Longrightarrow NO_3^-+CO_2+2Mn^{2+}+3H_2O$$

最后按照 $1:6$ 的系数比将 Fe^{2+} 与 CN^- 组合为 $Fe(CN)_6^{4-}$ 即可:

$$5Fe(CN)_6^{4-}+61MnO_4^-+188H^+ \Longrightarrow 30NO_3^-+30CO_2+61Mn^{2+}$$
$$+94H_2O+5Fe^{3+}$$

下面再举两例说明方程式叠加法在方程式配平中的作用。

例 1 多硫化物 S_x^{2-} 在碱性溶液中被 BrO_3^- 氧化为 SO_4^{2-}。

这里可将 S_x^{2-} 看作 1 个 S^{2-} 与 $x-1$ 个 S 的组合,并分别配平相应的反应:

$$3S^{2-}+4BrO_3^- \Longrightarrow 3SO_4^{2-}+4Br^- \tag{1}$$

$$S+BrO_3^-+2OH^- \Longrightarrow SO_4^{2-}+Br^-+H_2O \tag{2}$$

总方程式为 $(1)+(3x-3)\times(2)$,得

$$3S_x^{2-}+(3x+1)BrO_3^-+(6x-6)OH^- \Longrightarrow 3xSO_4^{2-}+(3x+1)Br^-$$
$$+(3x-3)H_2O$$

例 2 在质量分数为 100% 的硫酸中,I_2 可被 HIO_3 氧化成 I_3^+。

这里可将 I_3^+ 看作 I_2 与 I^+ 的组合,并将生成 I^+ 的反应配平:

$$2I_2 + IO_3^- + 6H^+ \Longrightarrow 5I^+ + 3H_2O$$

将方程式两边各加 5 个 I_2，则可以将 5 个 I^+ 组合成 I_3^+。最终得到

$$7I_2 + IO_3^- + 6H^+ \Longrightarrow 5I_3^+ + 3H_2O$$

5.4　三种特殊的反应焓

盖斯定律指出：在恒容或者恒压的条件下，化学反应无论是一步完成还是分几步完成，其反应热总是相等。或者说，反应热只与起始状态和终止状态有关，与反应路径无关，因此我们可以任意设计反应路径（包括虚构的路径）。

分几步完成的化学反应（编号(1)，(2)，(3)，…）进行叠加时，反应热的运算有如下规则：

(1) 若干方程式叠加（简写为(1)＋(2)＋…），则几个反应热相加。

(2) 方程式中反应物与生成物颠倒（简写为－(1)，－(2)，…)，则反应热取相反数。

(3) 方程式中所有系数同时乘以 n（简写为 $n \times (1)$，$n \times (2)$，…)，则反应热取 n 倍。

既然热力学路径可以任意设计，我们更倾向制定一套简单、普适计算反应热的方案。目前主流的热力学路径有三种：将反应物先转化为组成该元素的最稳定单质、最稳定燃烧产物或气态原子，再将这些中间产物进行反向操作转化为生成物。这三种思路对应三套特殊的反应焓：标准摩尔生成焓 $\Delta_f H_m^\ominus$，标准摩尔燃烧焓 $\Delta_c H_m^\ominus$，标准摩尔键焓 $\Delta_b H_m^\ominus$。由于每种元素只存在一种稳定单质、燃烧产物与气态原子，这三者可谓是"战略要地"，

在三套方案中分别作为中间产物与能量的公共零点。以反应 $C_2H_5OH \Longrightarrow C_2H_4 + H_2O$ 为例,图 5.7 演示了用这三套反应焓计算该反应热的方法。

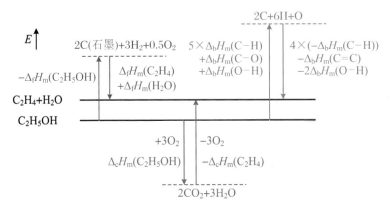

图 5.7　用标准摩尔生成焓(蓝色)、标准摩尔燃烧焓(红色)与标准摩尔键焓(绿色)计算反应热

5.5　利用玻恩-哈勃循环计算反应热

玻恩-哈勃循环的本质也是几个热化学方程式的叠加。其计算思路符合下面的流程:

(1)将热力学术语"翻译"成热化学方程式。如表 5.1 所示,每个热力学术语都能与一个化学反应直接对应,我们要熟悉这些概念的含义。

(2)搞清楚题目要算什么,结果可以用哪个目标方程式表示。

(3)根据反应热的计算规则,将目标方程式转化为已知方程式组合的形式。实际操作中,要调整已知热化学方程式的写法(颠倒或乘以系数),将目标方程式中的反应物尽量向等号左侧移,目标方程式中的生成物尽量向等号右侧移,并尽可能通过叠加消除目标方程式中不存在的中间物质。

表 5.1　常见的热力学术语、相应含义与代表性化学方程式

热力学术语	相应含义	代表性化学方程式
生成焓 $(\Delta_f H_m)$	标准状态下由元素最稳定的单质生成 1 mol 纯化合物时的反应热。	以 NaCl 为例: $Na(s)+0.5Cl_2(g) \!=\!\!= NaCl(s)$
燃烧焓 $(\Delta_c H_m)$	标准状态下 1 mol 物质在 O_2 中完全燃烧时的反应焓。	以 CO 为例: $CO(g)+0.5O_2(g) \!=\!\!= CO_2(g)$
键焓 (D)	标准状态下 1 mol 气态分子中化学键断裂生成气态原子的反应焓。	以 CO 为例: $CO(g) \!=\!\!= C(g)+O(g)$
晶格能 (U)	标准状态下,使 1 mol 离子晶体变成气态正离子和负离子时所吸收的能量。	以 NaCl 为例: $NaCl(s) \!=\!\!= Na^+(g)+Cl^-(g)$
电离能 (I)	1 mol 基态的气态原子失去电子变为气态阳离子所吸收的能量。	以 Na 的第一电离能为例: $Na(g) \!=\!\!= Na^+(g)+e^-$
电子亲和能 (E)	1 mol 基态的气态原子得到电子变为气态阴离子所放出的能量。(注意:反应焓是电子亲和能的负值。)	以 Cl 的第一电子亲和能为例: $Cl(g)+e^- \!=\!\!= Cl^-(g)$
水合能	1 mol 基态的气态原子(离子)溶于水变为水合离子所放出的能量。(注意:反应焓是水合能的负值。)	以 Na^+ 为例: $Na^+(g) \!=\!\!= Na^+(aq)$
汽化热 $(\Delta_{vap} H_m)$	1 mol 液态物质转化为气态物质所放出的能量。	以 H_2O 为例: $H_2O(l) \!=\!\!= H_2O(g)$

我们以 NaCl 为例演示如何通过上述规则计算晶格能。我们设计如图 5.8 所示的热力学循环,所涉及的热力学术语如表 5.2 所示。

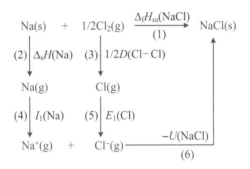

图 5.8 生成 NaCl 的热力学循环

表 5.2 生成 NaCl 的热力学循环中所用到的热力学术语及相应含义

反应	热力学术语	相应含义	"翻译"得的方程式	热效应(ΔH)
(1)	$\Delta_f H_m(NaCl)$	生成焓	$Na(s)+\frac{1}{2}Cl_2(g)\!=\!=\!=NaCl(s)$	-410.9 kJ/mol
(2)	$\Delta_s H(Na)$	升华能	$Na(s)\!=\!=\!=Na(g)$	$+108.8$ kJ/mol
(3)	$D(Cl-Cl)$	键焓	$Cl_2(g)\!=\!=\!=2Cl(g)$	$+239.4$ kJ/mol
(4)	$I_1(Na)$	第一电离能	$Na(g)\!=\!=\!=Na^+(g)+e^-$	$+493.3$ kJ/mol
(5)	$E_1(Cl)$	第一电子亲和能	$Cl(g)+e^-\!=\!=\!=Cl^-(g)$	-361.9 kJ/mol
(6)	$U(NaCl)$	晶格能	$NaCl(s)\!=\!=\!=Na^+(g)+Cl^-(g)$	求解目标

我们可以发现,将反应(1)~(5)进行适当的颠倒、系数调整与组合可得到晶格能(6)的表达式,就像列竖式一样(图 5.9)。最终得到结果:

$$U(NaCl)=-\Delta_f H_m(NaCl)+\Delta_s H(Na)$$

$$+\frac{1}{2}D(Cl—Cl)+I_1(Na)+E_1(Cl)$$

$$=+770.8 \text{ kJ/mol}$$

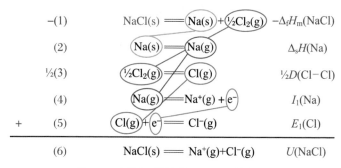

图 5.9 列"竖式"计算 $U(\text{NaCl})$ 的方法

相同颜色的圆圈表示等号前后能够相消的物质。

5.6 解决四大平衡的联动问题

水溶液中的四大平衡包括酸碱平衡、沉淀平衡、络合平衡与氧化还原平衡。平衡联动问题向来是化学平衡中的难点。若将平衡的联动视为数个基本反应的叠加,再结合平衡常数的运算规则,就能解决大多数这类问题。思路如下:

(1)将已知的术语、平衡表达式等"翻译"成化学方程式,并列出对应平衡常数。

(2)搞清楚题目要算什么,结果可以用哪个方程式表示。

(3)将目标方程式转化为已知方程式的组合形式,组合策略与 5.5 节中的描述类似。

对于若干基本方程式(编号(1),(2),(3),…),平衡常数运算有如下规则:

(1)若几个方程式叠加(简写为(1)+(2)+…),则几个平衡常数相乘。

(2)若方程式反应物与生成物颠倒(简写为 -(1),-(2),…),

则平衡常数取倒数。

（3）若方程式中所有系数同时乘以 n（简写为 $n \times (1), n \times$ $(2), \cdots$），则平衡常数取 n 次方。

若考虑从四大平衡中任取两种进行组合，则会产生表 5.3 中的组合，我们下面将用反应叠加的方法分别讨论这些类型的反应。

表 5.3　四大平衡两两组合产生的联动类型

基础平衡类型	酸碱平衡	沉淀平衡	络合平衡	氧化还原平衡
酸碱平衡	酸碱+酸碱	酸碱+沉淀	酸碱+络合	酸碱+氧化还原
沉淀平衡	—	沉淀+沉淀	沉淀+络合	沉淀+氧化还原
络合平衡	—	—	络合+络合	络合+氧化还原
氧化还原平衡	—	—	—	氧化还原+氧化还原

1. 酸碱平衡＋酸碱平衡

弱酸参与的质子转移反应可视为两个酸碱平衡的联动。

例 1　已知：$K_a(HAc) = 1.8 \times 10^{-5}$，$K_{a1}(H_2CO_3) = 4.1 \times 10^{-7}$，求乙酸与碳酸氢钠反应的平衡常数。

我们首先写出反应要求的目标方程式：

$$CH_3COOH + HCO_3^- \Longrightarrow CH_3COO^- + H_2CO_3$$

再写出与之相关的基本方程式：

$$CH_3COOH \Longrightarrow H^+ + CH_3COO^-, \quad K_a(HAc) = 1.8 \times 10^{-5}$$
$$\tag{1}$$

$$H_2CO_3 \Longrightarrow H^+ + HCO_3^-, \quad K_{a1}(H_2CO_3) = 4.1 \times 10^{-7} \tag{2}$$

目标反应来自方程式（1）与颠倒的方程式（2）的叠加，可写作（1）－（2），其平衡常数为

$$K = \frac{K_a(HAc)}{K_{a1}(H_2CO_3)} = 44$$

从这个例子可以看出,质子转移反应中若反应物的 K_a 大于生成物的 K_a,则总反应的平衡常数 $K>1$,这就是常说的"强酸制弱酸"的理论依据。不过,这并不意味着"弱酸制强酸"的反应不能发生。化学反应进行的方向不是看 K 的绝对值,而是看平衡常数 K 与反应商 Q 的相对大小。如果 Q 很小,K 即使小于 1,平衡也可以正向进行,从而发生"弱酸制强酸"的反应,例如水解反应。

例2 已知 $K_a(HAc)=1.8\times10^{-5}$,请分析乙酸钠的水解情况。

我们首先写出反应要求的目标方程式:

$$H_2O + CH_3COO^- \Longrightarrow CH_3COOH + OH^-$$

再写出与之相关的基本方程式:

$$CH_3COOH \Longrightarrow H^+ + CH_3COO^-, \quad K_a(HAc)=1.8\times10^{-5} \tag{1}$$

$$H_2O \Longrightarrow H^+ + OH^-, \quad K_w=1.0\times10^{-14} \tag{2}$$

该反应来自方程式(2)与颠倒的方程式(1)的叠加,可写作(2)—(1)。其平衡常数为

$$K=\frac{K_w}{K_a(HAc)}=5.6\times10^{-10}$$

虽然其 K 值远远小于 1,但在水溶液中仍然能够自发进行。

如果阴离子、阳离子分别来自弱酸或弱碱,则会发生双水解反应。双水解反应也可以由若干基础的电离方程式叠加得到。

例3 硫酸铝与碳酸氢钠的反应可应用于泡沫灭火器,请分析其中的原理。(已知:$K_{a1}(H_2CO_3)=4.1\times10^{-7}$,$K_{sp}(Al(OH)_3)=1.0\times10^{-33}$。)

我们首先写出符合要求的目标方程式:

$$Al^{3+} + 3HCO_3^- + 3H_2O \rightleftharpoons Al(OH)_3 + 3H_2CO_3$$

再写出与之相关的基本方程式:

HCO_3^- 水解 $HCO_3^- + H_2O \rightleftharpoons H_2CO_3 + OH^-$,

$$K_1 = \frac{K_w}{K_{a1}(H_2CO_3)} = 2.44 \times 10^{-8} \tag{1}$$

Al^{3+} 水解 $Al^{3+} + 3H_2O \rightleftharpoons Al(OH)_3 + 3H^+$,

$$K_2 = \frac{K_w^3}{K_{sp}(Al(OH)_3)} = 1.0 \times 10^{-9} \tag{2}$$

$$H^+ + OH^- \rightleftharpoons H_2O, \quad K_3 = \frac{1}{K_w} = 1.0 \times 10^{14} \tag{3}$$

该反应相当于将基本反应(1)~(3)进行以下组合:

$$3 \times (1) + (2) + 3 \times (3)$$

其平衡常数为

$$K = \frac{K_w^3}{K_{a1}^3(H_2CO_3) \times K_{sp}(Al(OH)_3)} = 1.45 \times 10^{10}$$

考虑到碳酸能分解、$Al(OH)_3$ 是难溶物,这个双水解反应实际上可以完全进行到底。

2. 酸碱平衡+沉淀/络合平衡

在沉淀平衡中,如果参与沉淀的离子来自弱酸(例如 CO_3^{2-}、S^{2-}),该离子的浓度会同时受到酸碱平衡与沉淀/络合平衡的影响,故两个平衡能相互牵制,实现联动。

例4   已知 H_2S 在水中的溶解度为 $0.1\ mol/L$,请通过计算说明 FeS、CuS 在 $[H^+] = 1\ mol/L$ 的条件下是否可以产生 H_2S 气体。(已知:$K_{sp}(FeS) = 6.3 \times 10^{-18}$,$K_{sp}(CuS) = 1.3 \times 10^{-36}$,$K_{a1}(H_2S) = 1.3 \times 10^{-7}$,$K_{a2}(H_2S) = 7 \times 10^{-15}$。)

我们先将已知条件"翻译"成化学方程式：

$$FeS \Longrightarrow Fe^{2+}+S^{2-}, \quad K_{sp}(FeS)=6.3\times10^{-18} \quad\quad (1)$$

$$H_2S \Longrightarrow H^++HS^-, \quad K_{a1}(H_2S)=1.3\times10^{-7} \quad\quad (2)$$

$$HS^- \Longrightarrow H^++S^{2-}, \quad K_{a2}(H_2S)=7\times10^{-15} \quad\quad (3)$$

为了将 FeS 转化为 H_2S，我们构造如下方程式作为目标反应：

$$FeS+2H^+ \Longrightarrow Fe^{2+}+H_2S$$

该方程式相当于(1)−(2)−(3)，则

$$K=\frac{c(Fe^{2+})c(H_2S)}{c^2(H^+)}=\frac{K_{sp}(FeS)}{K_{a1}K_{a2}}=6.9\times10^3$$

由于 H_2S 浓度最高为 $0.1\ mol/L$，平衡时对应$[Fe^{2+}]=6.9\times10^4\ mol/L$，而这明显是不可能的，因此一定有 H_2S 超过饱和浓度而溢出。

对于 CuS，相应的 $K=1.43\times10^{-15}$，溶液中 $c(H_2S)=c(Cu^{2+})=\sqrt{Kc^2(H^+)}=3.8\times10^{-8}\ mol/L$，远低于 H_2S 溶解度，因此不会有 H_2S 冒出。

类似地，在络合平衡中如果配体（如 OH^-、NH_3 等）能够与 H^+ 结合，我们也可以认为是酸碱平衡改变了配体浓度，从而间接影响了络合平衡的移动。这类问题也可以用若干基础反应叠加的方法解决。

例 5 在 $Al(\text{III})$ 浓度为 $0.1\ mol/L$ 的溶液中，求没有 $Al(OH)_3$ 沉淀产生的 pH 范围。已知：$K_{sp}(Al(OH)_3)=1.0\times10^{-33}$，$\beta_4(Al(OH)_4^-)=2.1\times10^{34}$。

我们先将已知条件"翻译"成化学方程式：

$$Al(OH)_3 \Longrightarrow Al^{3+}+3OH^-, \quad K_{sp}=1.0\times10^{-33} \quad\quad (1)$$

$$Al^{3+}+4OH^- \Longrightarrow Al(OH)_4^-, \quad \beta_4=2.1\times10^{34} \quad\quad (2)$$

基于元素化学知识,在强酸性、强碱性条件下 $Al(OH)_3$ 都会溶解,故应包括酸、碱两个 pH 范围。

酸性条件下,有

$$c(OH^-) = \sqrt[3]{\frac{K_{sp}}{c(Al^{3+})}} = 2.15 \times 10^{-11} \text{ mol/L}$$

所以 pH=3.33。

碱性条件下,涉及 $Al(OH)_3$ 与 $Al(OH)_4^-$ 的转化,为此构造以下方程式作为目标反应:

$$Al(OH)_3 + OH^- \xrightarrow{\quad} Al(OH)_4^-$$

该方程式相当于 (1)+(2),则

$$K = \frac{c(Al(OH)_4^-)}{c(OH^-)} = K_{sp} \times \beta_4 = 21$$

当 $Al(OH)_3$ 恰好溶解时,$c(Al(OH)_4^-) = 0.1 \text{ mol/L}$,计算得 $c(OH^-) = 4.8 \times 10^{-3} \text{ mol/L}$,则 pH=11.68。

因此,符合题目的 pH 范围是 pH<3.33,pH>11.68。

例6 溶液中含 1 mol/L 的 NH_4Cl 和 0.01 mol/L 的 $CuCl_2$,向溶液中不断加入 NaOH 固体调节 pH。在 pH=6,pH=9.25,pH=13 时分别有沉淀、无沉淀、有沉淀。请分析其中的原因。(已知:$K_{sp}(Cu(OH)_2) = 2.2 \times 10^{-20}$,$\lg\beta_4(Cu(NH_3)_4^{2+}) = 13.32$,$pK_b(NH_3) = 4.75$。)

从定性的角度分析,本题结果与(1)、(2)两个方程式有关:

$$Cu(OH)_2 + 4NH_4^+ + 2OH^- \xrightarrow{\quad} Cu(NH_3)_4^{2+} + 4H_2O \quad (1)$$
$$Cu(NH_3)_4^{2+} + 2OH^- \xrightarrow{\quad} Cu(OH)_2 + 4NH_3 \quad (2)$$

如图 5.10 所示,在 pH=6 附近,NH_4^+ 的分布系数 $\delta(NH_4^+) \approx 1$ 且几乎不随 pH 变化。此时我们可以认为反应按照(1)的方式进行。加入 OH^- 后,该化学平衡应正向移动,$Cu(OH)_2$ 溶解。在 pH=13 附近,NH_3 的分布系数 $\delta(NH_3) \approx 1$ 且几乎不随 pH 变化,此时我们可以认为反应按照(2)的方式进行。加入 OH^- 后，该化学平衡应正向移动，生成 $Cu(OH)_2$。

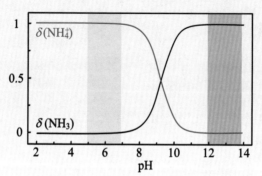

图 5.10　NH_4^+、NH_3 的分布系数

蓝色、紫色部分覆盖了 pH 在 6、13 附近的情况。

从定量的角度，我们可以认为溶液中 Cu^{2+} 只有两种存在形式：Cu^{2+} 和 $Cu(NH_3)_4^{2+}$。如果二者的浓度和小于 0.01 mol/L，剩下的 Cu^{2+} 只能以 $Cu(OH)_2$ 沉淀的形式存在。如此我们计算的思路就清晰了：分别计算 Cu^{2+} 与 $Cu(NH_3)_4^{2+}$ 的浓度，看二者的"容量"是否能够"容得下" 0.01 mol/L $Cu(Ⅱ)$。

当 pH＝6 时，有

$$c(Cu^{2+}) = K_{sp}/c^2(OH^-) = 2.2 \times 10^{-4} \text{ mol/L}$$

$$c(NH_3) = 1 \text{ mol/L} \times \delta(NH_3) = 1 \times \frac{K_a}{c(H^+) + K_a} = 5.6 \times 10^{-4} \text{ mol/L}$$

$$c[Cu(NH_3)_4^{2+}] = \beta_4 \times c(Cu^{2+}) \times c^4(NH_3) = 4.5 \times 10^{-4} \text{ mol/L}$$

此时，$c(Cu^{2+}) + c[Cu(NH_3)_4^{2+}] < 0.01 \text{ mol/L}$，剩余的 $Cu(Ⅱ)$ 应以 $Cu(OH)_2$ 的形式存在。

当 pH＝9.25 时，有

$$c(Cu^{2+}) = K_{sp}/c^2(OH^-) = 7.0 \times 10^{-11} \text{ mol/L}$$

$$c(NH_3) = 1 \text{ mol/L} \times \delta(NH_3) = 1 \times \frac{K_a}{c(H^+) + K_a} = 0.5 \text{ mol/L}$$

$c[Cu(NH_3)_4^{2+}] = \beta_4 \times c(Cu^{2+}) \times c^4(NH_3) = 91.4 \text{ mol/L}$　（平衡浓度）

很明显溶液中的 Cu（Ⅱ）达不到这个浓度，因此没有 $Cu(OH)_2$ 沉淀。

当 pH = 13 时，有

$c(Cu^{2+}) = K_{sp}/c^2(OH^-) = 2.2 \times 10^{-18} \text{ mol/L}$

$c(NH_3) = 1 \text{ mol/L} \times \delta(NH_3)$

$$= 1 \times \frac{K_a}{c(H^+) + K_a} \approx 1 \text{ mol/L}$$

$c[Cu(NH_3)_4^{2+}] = \beta_4 \times c(Cu^{2+}) \times c^4(NH_3)$

$$= 4.6 \times 10^{-5} \text{ mol/L}$$

此时，$c(Cu^{2+}) + c[Cu(NH_3)_4^{2+}] < 0.01 \text{ mol/L}$，剩余的 Cu（Ⅱ）以 $Cu(OH)_2$ 的形式存在。

3. 沉淀与络合物的转化

若沉淀、配合物的化学式中只有 1 个核心原子，配合物的 K_f 越大，越稳定；沉淀的 $1/K_{sp}$ 越大，越稳定，且二者可以相互比较。以含 Ag^+ 的化合物为例，表 5.4 列出了常见含 Ag^+ 化合物的 K_f 与 K_{sp}，从上到下稳定性依次增加。

表5.4　常见含 Ag^+ 化合物的 K_f 与 K_{sp}

含 Ag^+ 的化合物	K_f	K_{sp}
$Ag(NH_3)_2^+$	1.6×10^7	
AgCl		1.8×10^{-10}
AgBr		5.0×10^{-13}
$Ag(S_2O_3)_2^{3-}$	2.9×10^{13}	
AgI		8.3×10^{-17}
$Ag(CN)_2^-$	1.0×10^{21}	
Ag_2S		6.3×10^{-50}

沉淀与配合物之间的转化,可以理解为沉淀与配合物之间争夺同一个金属离子;也可以理解为电离平衡、络合平衡基本反应的叠加。以表 5.5 中的转化为例。

基本反应:

$$AgCl \Longrightarrow Ag^+ + Cl^-, \quad K_{sp}(AgCl) = 1.8 \times 10^{-10} \tag{1}$$

$$AgI \Longrightarrow Ag^+ + I^-, \quad K_{sp}(AgI) = 8.3 \times 10^{-17} \tag{2}$$

$$Ag^+ + 2S_2O_3^{2-} \Longrightarrow Ag(S_2O_3)_2^{3-}, \quad K_f(Ag(S_2O_3)_2^{3-})$$
$$= 2.9 \times 10^{13} \tag{3}$$

$$Ag^+ + 2CN^- \Longrightarrow Ag(CN)_2^-, \quad K_f(Ag(CN)_2^-) = 1.0 \times 10^{21} \tag{4}$$

表 5.5　含 Ag^+ 沉淀与配合物的相互转化

转化反应	组合方式	平衡常数
$AgCl + I^- \Longrightarrow AgI + Cl^-$	$(1)-(2)$	$K = K_{sp}(AgCl)/K_{sp}(AgI)$ $= 2.2 \times 10^6$
$Ag(S_2O_3)_2^{3-} + 2CN^- \Longrightarrow$ $Ag(CN)_2^- + 2S_2O_3^{2-}$	$-(3)+(4)$	$K = K_f(Ag(CN)_2^-)/K_f(Ag(S_2O_3)_2^{3-})$ $= 3.4 \times 10^7$
$Ag(S_2O_3)_2^{3-} + I^- \Longrightarrow$ $AgI + 2S_2O_3^{2-}$	$-(2)-(3)$	$K = 1/[K_f(Ag(S_2O_3)_2^{3-}) \times K_{sp}(AgI)]$ $= 4.2 \times 10^2$
$AgI + 2CN^- \Longrightarrow$ $Ag(CN)_2^- + I^-$	$(2)+(4)$	$K = K_f(Ag(CN)_2^-) \times K_{sp}(AgI)$ $= 8.3 \times 10^4$

考虑到真实条件下浓度会偏离标准态($1\ mol/L$),实际转化行为如图 5.11 所示,它与标准状态下的顺序有一些差别。值得注意的是,$Ag(CN)_2^-$ 向 Ag_2S 转化的方程式为 $2Ag(CN)_2^- + S^{2-} \Longrightarrow Ag_2S + 4CN^-$,按照方程式的叠加规则,其平衡常数为

$$K = 1/[K_f^2(Ag(CN)_2^-) \times K_{sp}(Ag_2S)] = 1.6 \times 10^7$$

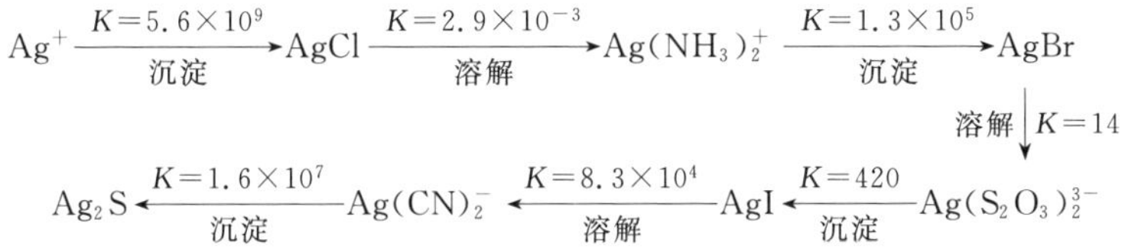

$$\text{Ag}^+ \xrightarrow[\text{沉淀}]{K=5.6\times10^9} \text{AgCl} \xrightarrow[\text{溶解}]{K=2.9\times10^{-3}} \text{Ag(NH}_3)_2^+ \xrightarrow[\text{沉淀}]{K=1.3\times10^5} \text{AgBr}$$

$$\text{溶解} \downarrow K=14$$

$$\text{Ag}_2\text{S} \xleftarrow[\text{沉淀}]{K=1.6\times10^7} \text{Ag(CN)}_2^- \xleftarrow[\text{溶解}]{K=8.3\times10^4} \text{AgI} \xleftarrow[\text{沉淀}]{K=420} \text{Ag(S}_2\text{O}_3)_2^{3-}$$

图 5.11　含 Ag^+ 化合物的实际转化行为

例7　请通过计算说明 0.05 mol AgCl 或 AgBr 能否完全溶于体积为 1 L、浓度为 2 mol/L 的氨水中（忽略 NH_3 的电离）。（已知：$K_{sp}(\text{AgCl})=1.8\times10^{-10}$，$K_{sp}(\text{AgBr})=5.0\times10^{-13}$，$K_f(\text{Ag(NH}_3)_2^+)=1.6\times10^7$。）

我们先将已知条件"翻译"成化学方程式：

$$\text{AgCl}=\!=\!=\text{Ag}^++\text{Cl}^-, \quad K_{sp}(\text{AgCl})=1.8\times10^{-10} \quad (1)$$

$$\text{AgBr}=\!=\!=\text{Ag}^++\text{Br}^-, \quad K_{sp}(\text{AgBr})=5.0\times10^{-13} \quad (2)$$

$$\text{Ag}^++2\text{NH}_3=\!=\!=\text{Ag(NH}_3)_2^+, \quad K_f=1.6\times10^7 \quad (3)$$

对于 AgCl，我们构建以下目标方程式作为目标反应：

$$\text{AgCl}+2\text{NH}_3=\!=\!=\text{Ag(NH}_3)_2^++\text{Cl}^-$$

该方程式相当于 $(1)+(3)$，则平衡常数为

$$K=\frac{c(\text{Ag(NH}_3)_2^+)c(\text{Cl}^-)}{c^2(\text{NH}_3)}=K_{sp}(\text{AgCl})\times K_f=2.9\times10^{-3}$$

假设 Ag(Ⅰ)能够全部溶解，此时 $\text{Ag(NH}_3)_2^+$、Cl^- 的浓度需要达到 0.05 mol/L。扣除形成配合物消耗的 NH_3，剩余 NH_3 的浓度为 1.9 mol/L。此时反应商 $Q=6.9\times10^{-4}<K$，故平衡不会逆向移动产生沉淀，因此 AgCl 会完全溶解。

对于 AgBr，相对应的反应为

$$\text{AgBr}+2\text{NH}_3=\!=\!=\text{Ag(NH}_3)_2^++\text{Br}^-$$

该方程式相当于 $(2)+(3)$，平衡常数为

$$K=K_{sp}(\text{AgBr})\times K_f=8.0\times10^{-6}$$

此时 $Q>K$，故平衡会逆向移动产生沉淀，因此 AgBr 不会完全溶解。

．

4. 沉淀/络合-氧化还原平衡

在氧化还原反应中,如果氧化产物、还原产物之一能形成稳定的络合物(见例8)或沉淀(见例9),络合平衡、沉淀平衡就可以通过移除生成物的方式,推动氧化还原平衡正向进行,甚至逆转氧化还原反应的方向。

例8　请通过计算解释,在 298 K 下,金(Au)为何不溶于浓硝酸(按 12 mol/L 计算),却能溶于王水(按 9 mol/L HCl＋3 mol/L HNO_3 计算)。(已知:$\varphi^{\ominus}$（Au^{3+}/Au）＝1.50 V,$\varphi^{\ominus}$（NO_3^-/NO）＝0.96 V,K_f（$AuCl_4^-$）＝2.33×10^{25},假设还原产物均为 NO。)

对于氧化还原反应:
$$Au＋NO_3^-＋4H^+ {=\!=\!=} Au^{3+}＋NO＋2H_2O \qquad (1)$$
其平衡常数为

$$K_{\text{red-ox}}=\frac{c(Au^{3+})\,p(NO)}{c(NO_3^-)\,c^4(H^+)}=e^{\frac{nF\Delta E}{RT}}=3.95\times10^{-28}$$

假设 NO 处于标准状态(分压为 1 bar[①]),浓硝酸中 $c(NO_3^-)=c(H^+)=12$ mol/L,平衡时溶液中 $c(Au^{3+})$ 仅为 9.83×10^{-23} mol/L,可认为 Au 是不溶的状态。

在王水中,反应(1)可以与下列反应联动:
$$Au^{3+}＋4Cl^- {=\!=\!=} AuCl_4^-,\quad K_f(AuCl_4^-)=2.33\times10^{25} \quad (2)$$
(1)＋(2),得
$$Au＋NO_3^-＋4H^+＋4Cl^- {=\!=\!=} AuCl_4^-＋NO＋2H_2O$$
其平衡常数为

$$K=\frac{c(AuCl_4^-)\,p(NO)}{c(NO_3^-)\,c^4(H^+)\,c^4(Cl^-)}=K_{\text{red-ox}}\times K_f(AuCl_4^-)=9.21\times10^{-3}$$

---

①　1 bar＝100 kPa。

假设 NO 处于标准状态(分压为 1 bar),王水中 $c(H^+)=$ 12 mol/L,$c(NO_3^-)=3$ mol/L,$c(Cl^-)=9$ mol/L,平衡时溶液中 $AuCl_4^-$ 浓度可达 3.76×10^6 mol/L,可认为 Au 是可溶的状态。

例9 请解释在溶液中为何 $CuSO_4$ 与 KI 能够发生反应。(已知:$\varphi^{\ominus}(Cu^{2+}/Cu^+) = 0.153$ V,$\varphi^{\ominus}(I_2/I^-) = 0.536$ V,$K_{sp}(CuI) = 1.27 \times 10^{-12}$。)

根据电极电势判断,以下反应是"弱制强"的反应,几乎不能发生:

$$2Cu^{2+} + 2I^- == 2Cu^+ + I_2, \quad K_{ox\text{-}red} = e^{\frac{nF\Delta E}{RT}} = 1.1 \times 10^{-13} \quad (1)$$

由于 Cu^+ 与 I^- 能形成稳定的沉淀 CuI:

$$Cu^+ + I^- == CuI, \quad K = K_{sp}^{-1}(CuI) = 7.9 \times 10^{11} \quad (2)$$

故该沉淀平衡反应能够通过减少生成物的方式促进平衡(1)正向移动,使"弱制强"的反应平衡常数大于1。

$$2Cu^{2+} + 4I^- == 2CuI + I_2, \quad K = K_{ox\text{-}red}/K_{sp}^2 = 6.82 \times 10^{10}$$

6

化学中的对称性——从理解正多面体开始

利用对称性解决问题是化学中的重要思想。描述分子、晶体的对称性有一套专门的点群符号与晶体对称性符号。对于刚接触化学不久的学生来说,点群与晶体对称性符号比较晦涩难懂,这里尽量使用简单的语言介绍对称性,尤其是多面体对称性在化学中的应用,力求给各位读者一个感性的认识。

6.1 对称性与稳定性

对称性往往意味着分子稳定性。其中既有能量(焓)的因素,又有熵的因素。

1. 分子构象中的对称性

对于组成固定的分子,相比其他的构象,最稳定的构象大多具有较高的对称性。我们可以从几何学的角度理解:当图案中存在动点时,可能形成的对称图案只有一种(或有限种),而非对称图案有无数种。也就是说,对称图形往往是连续情况中的"关键帧"或"特殊点"。不难想象,如果以空间结构为自变量构造一个函数,该函数可以是一个角的角度、一个图形的面积或下文中提到的电磁势能,这个函数的极值点一定在对称性结构上。由于物质结构具有唯一性,若不存在破坏对称性的条件,真实的物质一定会选择唯一的对称性结构,而不是从无数种非对称性结构中任选一种。

我们在平面几何中举两例说明上述的观点。

例 1 如图 6.1(左)所示,在圆上有动点 K,$\triangle ABK$ 面积达到极大值时,K 点与 C 点重合。此时 $\triangle ABK$ 为等腰三角形,对称性最高。

例 2 如图 6.1(右)所示,$l_1 /\!/ AB$,l_1 上有动点 P,$\angle APB$ 达到最大值时,$\triangle APB$ 为等腰三角形,对称性最高。

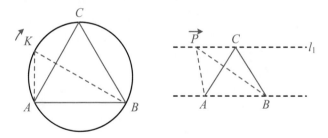

图 6.1 例 1(左)与例 2(右)中的几何图案

价层电子互斥理论的实质就是上述几何学原理在分子结构上的体现。该理论认为,n 个 B 原子直接连在 A 上形成的 AB_n 型分子中,电子对之间应该尽可能地远离以避免电子对之间的库仑斥力。以此为原则,不含孤对电子的 AB_n 型分子均呈高度对称的几何结构。

　　我们建立以下空间模型估计电子对排斥所带来的总电磁势能。我们假设 AB_n 分子中所有电子对（包括孤对和键对）的带电量均为 q 且离 A 的距离均为 l，并只考虑电子对之间存在的库仑排斥作用。根据电磁势能的公式（$E = kq_1q_2/r$），键对排斥所带来的总电磁势能 $E = kq^2 \sum\limits_{i,j<n} r_{ij}^{-1}$。

　　如图 6.2 所示，对于 AB_2 型分子，两个 B 原子应该尽量排成 $180°$ 以避免键对之间的斥力，而这是对称性最高的情况（点群符号 $D_{\infty v}$，相比于其他情况 C_{2v}）。当 B 原子更多时，我们很容易从经验得到以下结论：分子内总电磁势能最低时，B 原子之间的距离 r_{ij} 要尽可能相等，这种情况也是所有情况中对称性最高的。表 6.1 给出了电子对数目为 2～6 的分子最稳定构象以及由库仑排斥力带来的总电磁势能。

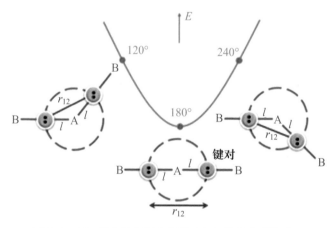

图 6.2　AB_2 型分子中两个电子对之间的总电磁势能 E 与 B—A—B 键角之间的关系

表 6.1 电子对数目为 2～6 的分子最稳定构象与相应的总电磁势能

电子对数目	杂化方式	最稳定构象	总电磁势能
2	sp		$\dfrac{kq^2}{2l}$
3	sp^2		$\dfrac{\sqrt{3}kq^2}{l}$
4	sp^3		$\dfrac{3\sqrt{6}kq^2}{2l}$
5	sp^3d		$\dfrac{(3\sqrt{2}+\sqrt{3}+0.5)kq^2}{l}$
6	sp^3d^2		$\dfrac{(6\sqrt{2}+1.5)kq^2}{l}$

2. 共振式间的对称性

通过对称性分析,我们还能得到一个有趣的推论:如果分子存在几种对称度较低,但具有相互对应关系的极限共振式,其真实结构往往是介于极限共振式之间的高对称结构。所谓的"相互对应关系"可以以图 6.3 为例,图中 $\triangle APB$、$\triangle AP'B$ 是两种对称度较低但存在相互对应关系的几何结构,$\triangle ACB$ 则属于介于二者之间的高对称结构。

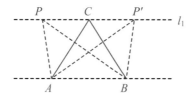

图 6.3 对称性较低但具有相互对应关系的几何结构

对于分子结构,我们以 SO_2、BF_3 为例进行分析。如表 6.2 所示,SO_2、BF_3 分别有 2 种、3 种满足 8 电子规则的极限共振式,它们对称性较低且存在对应关系。实际上,这两种化合物都是介于极限共振式之间的高对称结构,每个键的键级都是几种极限共振式的平均值,即 3/2 与 4/3。我们可以用大 π 键描述这类化合物的成键方式,即 π_3^4 和 π_4^6(虚线)。从分子轨道理论来看,PO_4^{3-}、SO_4^{2-}、ClO_4^-、IO_6^{5-} 等含氧酸根中的所有化学键都是等价的,其键级分别是 5/4、3/2、7/4 与 7/6。有机物(例如苯、乙酸根、烯丙基正离子)中也存在两种相互对应的极限共振式与对应的大 π 键表示方法。

表 6.2 一些具有大 π 键结构的物质

物质	极限共振式		对称性结构	键级	大 π 键
SO_2	$O{=}S^+{-}O^-$	$^-O{-}S^+{=}O$	$O{\cdots}S{\cdots}O$	$\dfrac{3}{2}$	π_3^4
BF_3	(见结构式)		(见结构式)	$\dfrac{4}{3}$	π_4^6
PO_4^{3-}	(见结构式)		(见结构式)	$\dfrac{5}{4}$	
C_6H_6	(苯环共振式)		(苯环对称结构)	$\dfrac{3}{2}$	π_6^6
CH_3COO^-	$H_3C{-}C{\big(}^O_{O^-}$	$H_3C{-}C{\big(}^{O^-}_O$	$H_3C{-}C{\cdots}$	$\dfrac{3}{2}$	π_3^4
烯丙基正离子	(共振式)		(对称结构)	$\dfrac{3}{2}$	π_3^2

很多包含氢键的结构也具有类似的相互对应关系。对称氢键的真实结构往往是两个键级为 1/2 的特殊键（3 中心 4 电子氢桥键，如图 6.4 所示），而不是通常理解的一个共价键和一个氢键。以直线型离子 HF_2^- 为例，通常认为该阴离子中含有 H—F 共价键与 F—H$\cdots$F 氢键，故表 6.3 中有两种极限共振式，这两种极限共振式是相互对应的低对称结构。不难想象，介于二者之间的高对称结构应该处于能量的极小值，此时两个 H—F 键完全对称，键级为 1/2。除 HF_2^- 外，表 6.3 中其他物质中也具有两种相互对应的极限共振式和一种介于二者之间的高对称结构。

表 6.3　含氢键结构的两种极限共振式与相应的对称性结构

物质	极限共振式 1	极限共振式 2	对称性结构
HF_2^-	$[F\cdots H{-}F]^-$	$[F{-}H\cdots F]^-$	$[F\cdots H\cdots F]^-$
$H_5O_2^+$	(结构式)	(结构式)	(结构式)
$N_2H_7^+$	$[H{-}N{-}H\cdots N{-}H]^+$	$[H{-}N\cdots H{-}N{-}H]^+$	$[H{-}N\cdots H\cdots N{-}H]^+$
$(CH_3COOH)_2$	(结构式)	(结构式)	(结构式)
乙酰丙酮（烯醇式）	(结构式)	(结构式)	(结构式)

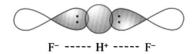

图 6.4　HF_2^- 的 3 中心 4 电子结构

3. 对称性带来额外的稳定性

即使是相同构型并处于稳定构象的分子，对称性也会带来额外的稳定性。简单来说，处于对称位置的原子具有全同的特点，即使这些原子位置"悄悄"互换也不可辨别。这使得对称分子具有更多微观状态，在熵效应上占有优势。如图 6.5 所示，对于原子位置已固定的四面体型分子，不对称的 (S)-CHFClBr 分子有 1 种微观状态，较对称的 CH_2Cl_2、CH_3Cl 分别具有 4、6 种微观状态，而

高度对称的 CH_4 具有 24 种微观状态。

图 6.5 原子位置已固定的 (S)-CHFClBr、CH_2Cl_2、
CH_3Cl、CH_4 分子具有的微观状态

几乎所有强酸的阴离子都具有高度对称性,比如 $HClO_4$、HBF_4 的阴离子是正四面体,$HSbF_6$ 的阴离子是正八面体。2004 年发现了一种硼碳烷酸($H(CHB_{11}Cl_{11})$),酸性是浓硫酸的 10 亿倍,其巨大的阴离子具有接近三角二十面体的高级对称性。

三配位的三角形结构、五配位的三角双锥结构,其对称性高级程度不如四配位、六配位的正多面体结构。实际上,具有三配位、五配位的分子(离子)数量远少于四配位、六配位的分子(离子)数量,且它们大多数具有较高的反应活性,并具有向四配位、六配位转化的倾向。例如,液态 PCl_5 会发生自耦电离生成两种正多面体结构的离子:$2PCl_5 \Longrightarrow PCl_4^+ + PCl_6^-$,而 SiF_4、SF_6 却没有类似的行为。SbF_5 是强路易斯酸,倾向转化为六配位的 SbF_6^-。若 SbF_5 作为氧化剂使用,则有 SbF_3 生成:$3SbF_5 + 2NO_2 \Longrightarrow 2NO_2^+ SbF_6^- + SbF_3$;若 SbF_5 发生非氧化反应,则为氟氧交换反应,生成 $SbOF_3$:$3SbF_5 + 2HNO_3 \Longrightarrow 2NO_2^+ SbF_6^- + SbOF_3 + H_2O$。具有三配位、五配位构型的 $AlCl_3$、$ReCl_5$ 倾向发生二聚反应,生成四配位、六配位的双核分子,如图 6.6 所示。

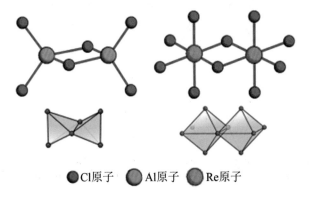

● Cl原子　○ Al原子　● Re原子

图 6.6　Al_2Cl_6 与 Re_2Cl_{10} 的结构模型

若不存在破坏对称性的条件,则对称性结构一定是最合理的形式。这也就意味着,不对称结构(对称性破缺)的产生必须有其他不对称因素作为先驱诱导。例如,Cu^{2+} 离子中的 John-Teller 畸变来自对称性破缺,这是由于 d_{z^2} 与 $d_{x^2-y^2}$ 轨道中电子数不同。有机化学中的不对称合成也需要不对称诱导。一般来说,我们无法从没有旋光性的反应物(非手性或外消旋)出发得到以某种手性为主的产物。要想实现不对称合成,必须引入不对称因素,包括手性反应物、手性催化剂、手性晶种等。例如,外消旋的酒石酸过饱和溶液中投入 D-酒石酸的晶种,能够使溶液中的 D-酒石酸在晶体上析出而 L-酒石酸不析出,从而完成手性拆分(图6.7)。单独的 D-酒石酸(或 L-酒石酸)也可以作为不对称因素,它能与外消旋的有机胺反应生成盐,此时两种盐属于非对映异构体。通过非对映异构体溶解度的不同可以使其中一种手性的盐先析出,从而完成手性拆分(图 6.8)。

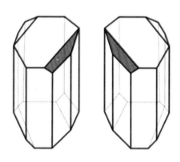

图 6.7　L-酒石酸与 D-酒石酸的晶体外形

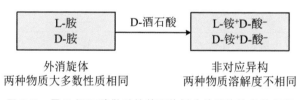

外消旋体　　　　　　　　　　非对应异构
两种物质大多数性质相同　　两种物质溶解度不相同

图 6.8　用 D-酒石酸做手性前驱体拆分外消旋胺类的原理

6.2　正多面体的几何性质

　　化学中的对称性很多与正多面体相关。正多面体只有 5 种,分别是正四面体、正八面体、立方体、正十二面体与正二十面体(图 6.9)。其中,正四面体的对称性最低,正八面体、立方体的对称性较高,而正十二面体与正二十面体对称性最高。正多面体中所有顶点、棱与面都是完全等价的,它们的数目如表 6.4 所示。

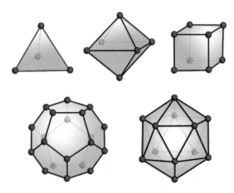

图 6.9　5 种正多面体的结构

表 6.4　正多面体中顶点、棱与面的数目

正多面体	点群	顶点数	棱数	面数
正四面体	T_d	4	6	4
正八面体	O_h	6	12	8
立方体	O_h	8	12	6
正十二面体	I_h	20	30	12
正二十面体	I_h	12	30	20

初级的物质结构主要涉及正四面体、正八面体、立方体的对称性,如表 6.5 和图 6.10 所示。倘若能够熟练掌握这些正多面体的对称元素与距离参数,在学习晶体、配合物异构等章节时将更加容易上手。

表 6.5 正四面体、正八面体、立方体中的对称元素

正多面体	四重旋转轴	三重旋转轴	二重旋转轴
正四面体	无	面心与顶点的连线 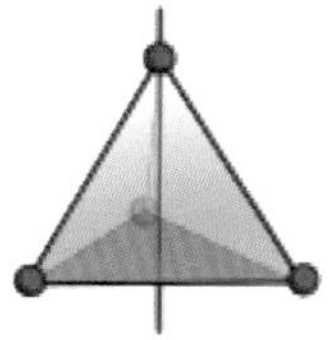	棱的中点的连线 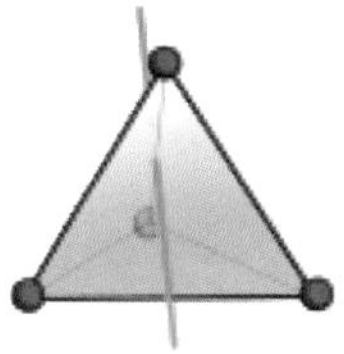
正八面体	顶点的连线 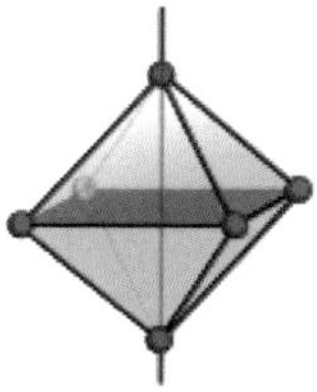	面心的连线 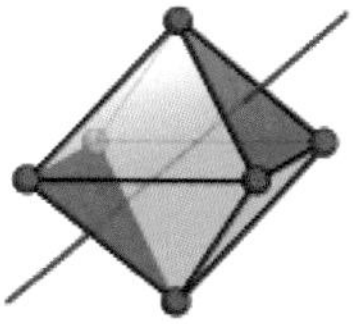	棱的中点的连线 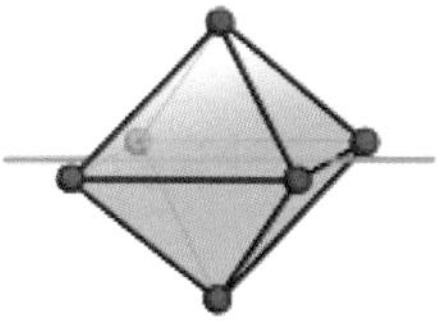
立方体	面心的连线 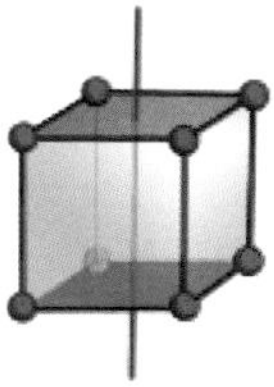	体对角线 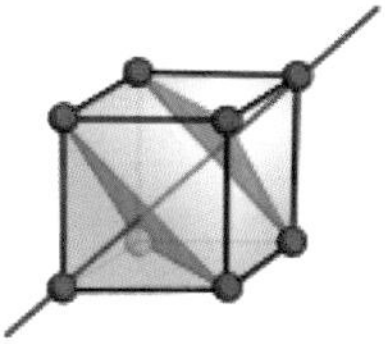	棱的中点的连线 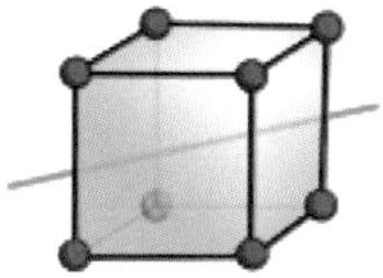

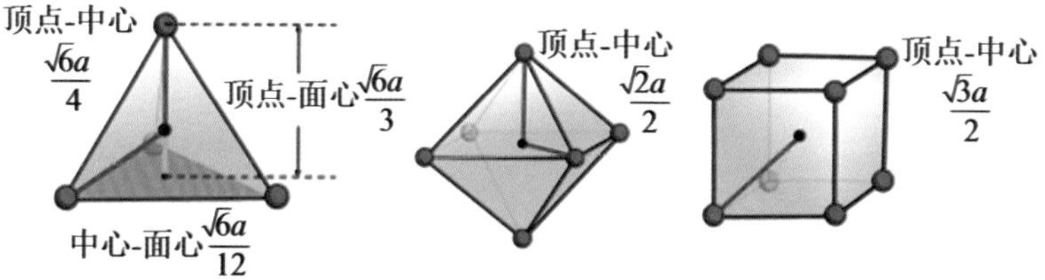

图 6.10 正四面体、正八面体、立方体中常见的距离参数(a 表示多面体的棱长)

6.3 以正多面体为基础的分子

很多复杂分子的结构可在正多面体结构的基础上进行衍生。最著名的当属以 P_4、P_4O_{10} 为代表的四面体家族。如图6.11所示，这些分子以 4 个核心原子(位置 A)构成的正四面体为基础,在四面体的 6 条棱上(位置 B)可选择是否加入杂原子,在 4 个核心原子的"头顶"(位置 C)也可以选择是否加入杂原子。

表 6.6 以正四面体为基础的典型分子

化学式	位置 A	位置 B	位置 C	结构
P_4	$P(\times 4)$	—	—	A
P_4S_3	$P(\times 4)$	$S(\times 3)$	—	B
As_4S_4	$As(\times 4)$	$S(\times 4)$	—	C
P_4S_5	$P(\times 4)$	$S(\times 4)$	$S(\times 1)$	D
As_4O_6	$As(\times 4)$	$O(\times 6)$	—	E
P_4O_7	$P(\times 4)$	$O(\times 6)$	$O(\times 1)$	F
P_4O_8	$P(\times 4)$	$O(\times 6)$	$O(\times 2)$	G
P_4O_{10}	$P(\times 4)$	$O(\times 6)$	$O(\times 4)$	H
$P_4O_6S_4$	$P(\times 4)$	$O(\times 6)$	$S(\times 4)$	I
$P_4S_6O_4$	$P(\times 4)$	$S(\times 6)$	$O(\times 6)$	
$(CH_2)_6N_4$	$N(\times 4)$	$CH_2(\times 6)$	—	E
$(CH_2)_6(CH)_4$	$C(\times 4)$	$CH_2(\times 6)$	$H(\times 4)$	I
$Be_4O(CH_3COO)_6$	$Be^{2+}(\times 4)$	$CH_3COO^-(\times 6)$	—	E

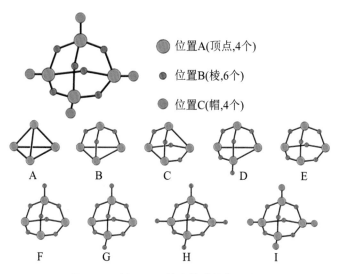

图 6.11 以正四面体为基础的典型分子

如表 6.6 与图 6.11 所示，ⅤA 族元素 P、As 可以占据位置 A。如果位置 B、C 均没有被占据，构成的物质就是正四面体结构的白磷（P_4）或黄砷（As_4）。位置 B、C 可以由 O、S 元素占据部分或全部——大多数情况下会先占位置 B，再占位置 C。如此就能得到含 P—O、P—S、As—O、As—S 的化合物。这些物质中不乏一些著名的化合物，例如雄黄（As_4S_4）、雌黄（As_4S_6）、砒霜（As_4O_6）与五氧化二磷（P_4O_{10}）。值得注意的是，杂原子的加入会明显改变分子的结构，有时会与正四面体偏离很远。为了方便读者理解，图6.11中重点突出了四面体结构，因此有些键长、键角表示得并不准确。

除了上述化合物，具有正四面体结构的著名分子还有乌洛托品（$(CH_2)_6N_4$）、金刚烷（$(CH_2)_6(CH)_4$）、乙酸氧铍（$Be_4O(CH_3COO)_6$）等。这类化合物的高度对称性带来了显著的化学稳定性。例如，乌洛托品的碱性远弱于氨，任意分子式为 $C_{10}H_{16}$ 的物质在长时间加热都会转化为金刚烷等。

以立方体为基础的结构较少，主要存在于六核金属簇合物中，如表 6.7 所示。这些分子结构一般高度对称，我们甚至能使用关键数字 6（面心）、8（顶点）、12（棱心）及相应的组合推断每个原子在正方体中的位置。

表 6.7　以正方体为基础的典型分子

簇合物	原子位置	分子结构
$Nb_6Cl_{12}^{2+}$	Nb：面心 Cl：棱心	
$Mo_6Cl_8^{4+}$	Mo：面心 Cl：顶点	
$Mo_6Cl_{14}^{2-}$	Mo：面心 Cl：顶点＋面心	

注：分子结构中黑线、紫线、绿线、蓝线分别表示金属键、η_1 端基、η_2 桥基、η_3 面基配位键。

6.4　晶体结构中的正多面体

对于初学者,通过正多面体性质感知晶体的结构是捷径之一。本节重点以高度对称性的立方晶系、六方晶系为例,总结其中的几何学数据。熟练掌握这些数据有利于晶体学习的快速入门,并为解题带来极大的方便。

晶胞中原了的位置一般用原子分数坐标表示。原子分数坐标与三维空间内的笛卡儿坐标相似,只是坐标之间不一定相互垂直,而是根据晶胞的方向进行伸展;无论晶胞参数(即晶胞多面体三轴长度,用 a、b、c 表示)如何,晶胞在每个方向上的长度均归一化为 1。

如表 6.8 所示,如果一个原子在 a、b、c 三个方向上分数坐标均不为 0,我们称这个原子在晶胞内部,为这个晶胞独享;如果一个原子在任一方向上分数坐标为 0,我们称这个原子在晶胞边界,为这个晶胞与周围晶胞共享。按照规定,边界原子的分数坐标不允许取 1,由于晶体的平移对称性,1 与 0 实际是一个位置。但在实际晶胞图案中,坐标为 0 与 1 的位置都会画有原子。由于这种重复的表示,图案中原子的数目远多于一个晶胞实际拥有的,此时我们就需要参照表 6.9 进行合并与换算。

表 6.8　晶胞图案中原子数的换算方式

原子位置		图像表示	换算方式	原子分数坐标
晶胞内部			每个原子计 1 个	(a,b,c)
晶胞边界	面上		2 个平行面上的原子共计 1 个	$(a,b,0)$ $(a,0,c)$ $(0,b,c)$
	棱上		4 个平行棱上的原子共计 1 个	$(a,0,0)$ $(0,b,0)$ $(0,0,c)$
	顶点		8 个顶点上的原子共计 1 个	$(0,0,0)$

注:当原子分数坐标中非零项均取 1/2 时,内部、面上、棱上的位置被称为体心、面心与棱心。

1. 等径小球常见的堆积方式

若我们将原子看成若干半径相同的小球,可以使用等径小球堆积模型说明晶体的结构。简单立方、体心立方、面心立方与简单六方是等径小球堆积的常见方式,它们堆积形成的空隙及空隙位置如图 6.12 和图 6.13 所示。对于半径为 r 的等径小球堆积,其几何学数据总结在表 6.9 中。

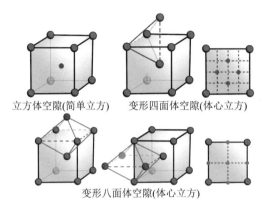

立方体空隙(简单立方)　　变形四面体空隙(体心立方)

变形八面体空隙(体心立方)

图 6.12　简单立方、体心立方堆积形成的空隙及空隙位置

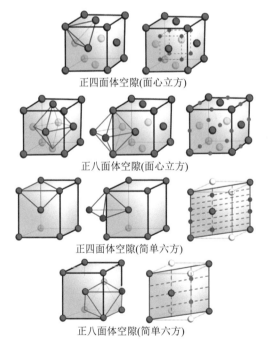

正四面体空隙(面心立方)

正八面体空隙(面心立方)

正四面体空隙(简单六方)

正八面体空隙(简单六方)

图 6.13　面心立方、简单立方堆积形成的空隙及空隙位置

蓝色、粉色圆点分别表示四面体、八面体空隙中心在晶胞中的位置,其中简单六方的空隙位于对角面上。

表 6.9　常见堆积方式的几何学数据

几何学数据	简单立方	体心立方	面心立方	简单六方
晶胞结构				
晶胞参数	$a=b=c=2r$ $\alpha=\beta=\gamma=90°$	$a=b=c=\dfrac{4r}{\sqrt{3}}$ $\alpha=\beta=\gamma=90°$	$a=b=c=2\sqrt{2}r$ $\alpha=\beta=\gamma=90°$	$a=b=2r$ $c=\dfrac{2\sqrt{6}a}{3}=\dfrac{4\sqrt{6}r}{3}$ $\alpha=120°$ $\beta=\gamma=90°$
原子分数坐标	$(0,0,0)$	$(0,0,0),\left(\dfrac{1}{2},\dfrac{1}{2},\dfrac{1}{2}\right)$	$(0,0,0),\left(0,0,\dfrac{1}{2}\right),$ $\left(0,\dfrac{1}{2},0\right),\left(\dfrac{1}{2},0,0\right)$	$(0,0,0),\left(\dfrac{1}{3},\dfrac{2}{3},\dfrac{1}{2}\right)$
最近原子间距	$2r$ （棱长）	$2r$ （顶点-体心）	$2r$ （顶点-面心）	$2r$ （底边棱长 a）
次近原子间距	$2\sqrt{2}r$ （面对角线）	$\dfrac{4r}{\sqrt{3}}$ （棱长）	$2\sqrt{2}r$ （棱长 a）	$2\sqrt{2}r$

注：r 为堆积小球的半径。

2. 堆积-填隙规则

晶体中原子之间的位置关系可以用堆积-填隙模型描述,即一部分原子(或原子团)被视为等径小球完成堆积,另一部分原子以一定比例填充在四面体或八面体空隙中。

离子化合物一般是体积较大的阴离子堆积,体积较小的阳离子填充空隙。填充空隙种类与阴、阳离子半径比(r_+/r_-)有关,常见空隙类型与 r_+/r_- 的关系如表 6.10 所示。实际填充时,阳离子必须足够大,能将空隙"撑起来"并保证阴离子之间不会直接接触;其次,阳离子又不足以"撑起来"更大一号的空隙。根据这个模型,阴、阳离子半径比(r_+/r_-)为 0.155~0.225、0.225~0.414、0.414~0.732、0.732~1 时,阳离子分别填入三角形、四面体、八面体与立方体空隙。

表 6.10　阴、阳离子半径比对应合适的空隙类型

空隙类型	配位数	离子相切模型	r_+/r_-	
			精确值	近似值
三角形空隙	3		$\dfrac{2}{\sqrt{3}}-1$	0.155
四面体空隙	4	垂截面	$\dfrac{\sqrt{6}}{2}-1$	0.225
八面体空隙	6		$\sqrt{2}-1$	0.414

空隙类型	配位数	离子相切模型	r_+/r_-	
			精确值	近似值
立方体空隙	8	对角面	$\sqrt{3}-1$	0.732
共同密堆积	12	密置层	1	1

不过,上述模型在解释与预测的时候经常出错。实际填充时,阳离子往往显得更小,更倾向填入比理论更小的空隙内(参见表 6.11)。这个现象可以从多方面解释:对于离子晶体,阴、阳离子极化作用缩短了阴、阳离子之间的距离(例如 ZnS、AgCl);对于原子晶体,原子受轨道方向、轨道数量、杂化方式所限而必须采用某些固定的排列取向(例如硅、金刚石)。最重要的是,堆积-填隙模型很多时候只是用来描述原子之间的相对位置关系,是一种描述原子分数坐标的便捷方式。

表 6.11　一些典型物质的堆积-填隙情况

物质	r(填隙):r(堆积)	理论空隙种类	实际空隙种类
CsCl	$r(Cs^+):r(Cl^-)=1.21$	立方体	立方体(100%)
金刚石	$r(C):r(C)=1.00$	共同堆积	四面体(50%)
CaF_2	$r(F^-):r(Ca^{2+})=0.93$	立方体	四面体(100%)
NaCl	$r(Na^+):r(Cl^-)=0.70$	八面体	八面体(100%)
ZnS	$r(Zn^{2+}):r(S^{2-})=0.44$	八面体	四面体(50%)

3. 密置层的几何学性质

等径小球空间利用率最大的堆积方式被称为最密堆积。最密堆积可看作若干二维密置层叠合起来。如图 6.12 所示,密置层中每个球周围有 6 个相邻的球与之相切。3 个两两相切的等径球球心构成一个等边三角形,球与球之间留下了一些类似三角形的空隙(简称三角空隙)。每个素晶胞(图 6.14 中虚线平行四边形)中含 1 个球与 2 个三角空隙。值得注意的是,这 2 个三角形空隙并不等价,我们分别称为"△"与"▽"三角空隙。

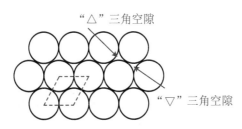

图 6.14 等径小球单层密堆积

等径小球双层密堆积模型如图 6.13(上)所示。当密置层叠合时,第二层小球(B,粉色)堆在第一层小球(A,黑色)上面并盖住所有的"△"空隙(也可以是所有的"▽"空隙)。此时 A、B 层之间有四面体、八面体两种空隙(图 6.15(下))。垂直于堆积面方向投影,若三角形空隙上(下)有 1 个小球堆积,则构成四面体空隙;若三角形空隙上(下)有另一个三角形空隙,则构成八面体空隙。

以双层密堆积在 A 层上的投影为例(图 6.16),每个三角形空隙都对应 1 个四面体空隙或八面体空隙,每个球中心位置都对应 1 个四面体空隙。因此在每个素晶胞内包含 2 个四面体空隙与 1 个八面体空隙。

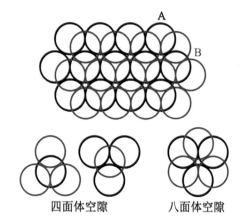

图 6.15　等径小球双层密堆积与 AB 层之间的空隙

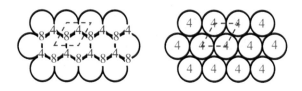

图 6.16　四面体（左）、八面体（右）空隙在 A 层上的投影分布

　　三层密置层的叠合可以理解为小球在 AB 双层上再堆积一层，即第三层小球堆在第二层小球（B）上并占据所有的"△"空隙或"▽"空隙，如图 6.17 所示。

　　若第三层小球占据了第二层上的"▽"空隙，其投影与第一层将完全重合，故第三层也被称为 A 层。此时密置层顺序为ABABABAB…，这种堆积方式被称为六方最密堆积（hcp，A3）。此时若将视线与堆积层平行，就得到我们平时常画的 hcp 晶胞。在 hcp 晶胞中，四面体空隙、八面体空隙各自分布在垂直于密置层方向的直线上（即晶胞中的 c 轴），两种直线的比例为 $2 : 1$。

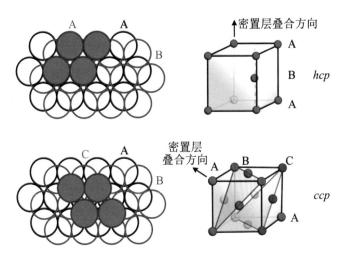

图 6.17　等径小球三层密堆积(左)与其对应的晶胞表示(右)

若第三层占据了第二层上的"△"空隙,其投影与第一层、第二层都不重合,故第三层用 C 表示。而堆积在 C 层上的第四层必然与 A 层或 B 层二者之一重合,故不再会有新层出现。如果密置层按照 ABCABCABC…的顺序叠合,则这种堆积方式被称为立方最密堆积(ccp,A1)。在常见的 ccp 立方晶胞中,密置层叠合方向在体对角线上。在 ccp 晶胞中,四面体空隙、八面体空隙分布在垂直于密置层方向的直线上(即晶胞中的体对角线),每条线上两种空隙的比例为 2∶1。

请各位读者仔细对比密置层与晶胞这两种表示方式,两种视角互补互证,相信对 hcp、ccp 的理解会更加深刻。

值得注意的是,AB(hcp)与 ABC(ccp)只是最常见、最有规律的密堆积方式。例如 ABAC(双六方密堆积)、ABABCBCAC(金属 Sm 堆积)等方式也属于最密堆积,其空间利用率、密置层间空隙种类位置与上述都是相同的。

7

化学中的公式——为数学赋予现实意义

　　化学中的各类公式繁多,初学者很难准确记住。若能够为公式赋予相应的化学意义,在记忆、理解、使用公式时能达到事半功倍的效果。

　　公式所赋予的化学意义,表现为公式输出的定量结果与定性知识不能产生矛盾。很多初学者容易将公式中的正负号搞反,在使用公式时,建议将符号与数值分开考虑,先计算数值,再根据化学意义推断或验证结果的正负号。例如在 G-K 关系中,$\Delta G =$ $-RT\ln K$,平衡常数 K 越大、ΔG 越小,与我们的定性认知相一致。如果在计算环节遗漏了负号,就会得出"K 越大,ΔG 越大"的错误结论,这个错误很容易被发现,故可以用来检查公式写得是否正确。

　　公式所赋予的化学意义,表现为公式输入、输出的数据不能明显不合逻辑。比如,温度 T、压强 p、体积 V、物质的量 n 等参数不能取负值(参见例1)。

例1　石墨在 1200 K 的温度下,发生以下反应:$CO_2(g)+$ $C(石墨)\rightleftharpoons 2CO(g)$。标准平衡常数 $K=57.2$。求:当气体总压为 2 bar 时,达到平衡后 CO 与 CO_2 的分压。

在这道例题中我们可以设 CO 的压强为 x bar,则 CO_2 的压强为 $(2-x)$ bar。体系满足方程

$$K=\frac{x^2}{2-x}=57.2$$

这个方程有两个解:$x_1=1.94,x_2=-59.1$。很明显,$x=-59.1$ 这个值是荒谬的,因为气体的压强不可能是负的,没有化学意义。

公式所赋予的化学意义,也表现为公式输出的结果要与元素化合物的性质基本保持一致。严谨的题目来自真实资料的改编,如果计算的定量结果与元素化合物的已知性质相差太远,大概率是产生了计算错误,需要仔细检查计算过程。这也是化学学科计算题独具特色的检查方法之一。

7.1　G-E-K 关系的衍生公式

吉布斯自由能(G)、电极电势(E)、平衡常数(K)之间的关系简称 G-E-K 关系。G-E-K 关系以 G 为核心,核心公式分别涉及 G-E 关系与 G-K 关系:

$$\Delta G=-nF\Delta E$$
$$\Delta G^{\ominus}=-RT\ln K^{\ominus}$$

其中,ΔG、ΔE 的标准单位分别为 J/mol、V,n 为转移电子数(没有单位),法拉第常数 $F=96480$ C/mol,K 为标准平衡常数(没有单位),气体常数 $R=8.314$ J/(mol·K),T 的单位为 K。

以这两个核心公式为基础,可以衍生出化学热力学中一些重要的公式,下面将逐一介绍并说明其化学意义。

1. 范特霍夫方程

在物理化学教科书中,范特霍夫方程要通过吉布斯-亥姆霍兹方程结合微分方程推导。鉴于大多数中学生没有学过微积分,这里给出一种简易的推导过程,仅供参考。

首先将以下两个方程联立:

$$\Delta G^{\ominus} = -RT \ln K^{\ominus}$$
$$\Delta G^{\ominus} = \Delta H^{\ominus} - T\Delta S^{\ominus}$$

一般地,我们认为 ΔH、ΔS 不是温度的函数,ΔG 仅与 T 呈线性相关。此时我们取 T_1、T_2 两个不同温度,可得到

$$-RT_1 \ln K_1^{\ominus} = \Delta H^{\ominus} - T_1\Delta S^{\ominus}$$
$$-RT_2 \ln K_2^{\ominus} = \Delta H^{\ominus} - T_2\Delta S^{\ominus}$$

将上式两边除以 T_1,下式两边除以 T_2,得到的新方程再彼此相减,即可消去 ΔS。此时得到的结果就是范特霍夫方程:

$$\ln \frac{K_1^{\ominus}}{K_2^{\ominus}} = -\frac{\Delta H^{\ominus}}{R}\left(\frac{1}{T_1} - \frac{1}{T_2}\right)$$

作为二级公式,范特霍夫方程能基于反应焓 $\Delta H^{\ominus}$ 与温度 T_1 下的平衡常数 $K_1^{\ominus}$ 求解任意温度 T_2 下的平衡常数。范特霍夫方程从定量角度对勒夏特列原理进行解释(具体见第 2 章)。与此同时,勒夏特列原理也为范特霍夫方程赋予了化学意义——它能帮助你检查你写的公式是否正确可靠,因为很多同学会忘记写公式右边的负号,或忘记 T、K 的相减顺序。

2. 克拉珀龙-克劳修斯方程

严谨的克拉珀龙-克劳修斯方程也要通过微分方程推导,这里给出一种基于范特霍夫方程的推导方法,仅供参考。

克拉珀龙-克劳修斯方程描述液体蒸气压 p 与温度 T 之间的

关系。如果我们将液体 A 的汽化写成热化学方程式：$A(l) \Longrightarrow A(g)$，$\Delta H = \Delta_{vap} H$，其平衡常数的表达式直接等于蒸气压，即 $K = p(A)$。因此我们可以直接将范特霍夫方程中的 K 换成 p，即得到克拉珀龙-克劳修斯方程：

$$\ln \frac{p_1}{p_2} = -\frac{\Delta_{vap} H}{R}\left(\frac{1}{T_1} - \frac{1}{T_2}\right)$$

作为二级公式，克拉珀龙-克劳修斯方程能够基于液体的汽化焓 $\Delta_{vap} H$ 计算任意温度下的蒸气压。一般地，气体的沸点（T_b）会被代入公式，此时对应的蒸气压为 1 bar。

有趣的是，基于克拉珀龙-克劳修斯方程，我们可以对超临界流体有一个感性的认识。若将蒸气视为理想气体且 $\Delta_{vap} H$ 不随温度变化，其密度 $\rho = pM/(RT)$。而在克拉珀龙-克劳修斯方程中，饱和蒸气压随温度几乎呈指数增长（图 7.1（左）），故蒸气的密度随温度升高会逐渐增加（图 7.1（右，粉线））；我们又知道，液体的密度会随温度升高而逐渐降低（图 7.1（右，蓝线））。倘若不断升高温度，终有一刻气体的密度会反超液体的密度，而这明显是荒谬且不合理的。事实上，此时气相、液相会合二为一，这种状态的物质被称为超临界流体，它既具有类似液体的密度，又具有类似气体的穿透力与流动性。

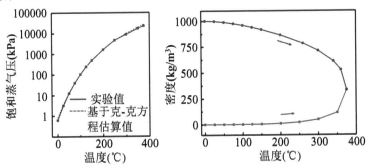

图 7.1 水的饱和蒸气压（左）随温度的变化关系以及气态、液态水的密度随温度的变化关系（右）

3. 范特霍夫等温式

范特霍夫等温式：$\Delta G = \Delta G^{\ominus} + RT\ln Q$，可用于求解远离标准状态时反应的吉布斯自由能。从化学意义上看，范特霍夫等温式将 K-Q 关系与 ΔG 判据联系起来。当 $\Delta G = 0$ 时，将 $\Delta G^{\ominus} = -RT\ln K^{\ominus}$ 代入范特霍夫等温式，得到 $K = Q$。类似地，当 $\Delta G < 0$ 时，$K > Q$；当 $\Delta G > 0$ 时，$K < Q$。可见"平衡正向移动"与"正向反应能自发进行"两种说法是等效的。

4. 能斯特方程

基于 G-E 关系（$\Delta G = -nF\Delta E$）与范特霍夫等温式（$\Delta G = \Delta G^{\ominus} + RT\ln Q$），我们可以得到能斯特方程：$E = E^{\ominus} - \dfrac{RT}{nF}\ln Q$。将 $T = 298\text{ K}$，$R = 8.314\text{ J}/(\text{mol} \cdot \text{K})$，$F = 96480\text{ C/mol}$，$\ln Q \approx 2.303\lg Q$ 代入方程，可得 $\dfrac{RT}{nF}\ln Q = \dfrac{0.0591}{n}\lg Q$，这就是很多资料中使用 0.0591 的依据。

值得注意的是，能斯特方程既适用于总反应的电池电动势 E，又适用于半反应的电极电势 φ（$E = \varphi_+ - \varphi_-$）。对电极电势 φ 来说，半反应的标准写法是

$$\text{氧化态(Ox)} + n\text{e}^- \Longrightarrow \text{还原态(Red)}$$

其反应商写作 $Q = c(\text{还原态})/c(\text{氧化态})$。

故以下列表达形式流传甚广：

$$\varphi = \varphi^{\ominus} + \frac{0.0591}{n}\lg\frac{c(\text{氧化态})}{c(\text{还原态})}$$

上述表达式有利于从化学意义上理解能斯特方程——氧化态物质浓度越高，越"人多势众"，体系氧化性越强，则 φ 越高；氧化态物质浓度越低，越"人少势微"，体系氧化性越弱，则 φ 越低。还原态物质的浓度也有类似的关系。

但上述表达式并不严谨,因为它忽略了反应商 Q 中未发生电子转移的物质,如 H^+、OH^-。为了与严谨的公式保持一致,我们可以以该表达式为基础,将氧化态、还原态及所有参与反应的其他物质一并代入能斯特方程,并将反应物前的系数作为浓度的幂次,这样相当于将 Q 构造出来。具体例子如下所示:

$$Fe^{3+}+e^- \Longrightarrow Fe^{2+}, \quad \varphi=\varphi^\ominus+\frac{0.0591}{1}\lg\frac{c(Fe^{3+})}{c(Fe^{2+})}$$

$$Cl_2+2e^- \Longrightarrow 2Cl^-, \quad \varphi=\varphi^\ominus+\frac{0.0591}{2}\lg\frac{p(Cl_2)}{c^2(Cl^-)}$$

$$NO_3^-+H_2O+2e^- \Longrightarrow NO_2^-+2OH^-$$

$$\varphi=\varphi^\ominus+\frac{0.0591}{2}\lg\frac{c(NO_3^-)}{c(NO_2^-)\times c^2(OH^-)}$$

$$Cr_2O_7^{2-}+14H^++6e^- \Longrightarrow 2Cr^{3+}+7H_2O$$

$$\varphi=\varphi^\ominus+\frac{0.0591}{6}\lg\frac{c(Cr_2O_7^{2-})\times c^{14}(H^+)}{c^2(Cr^{3+})}$$

$$AlF_6^{3-}+3e^- \Longrightarrow Al+6F^-, \quad \varphi=\varphi^\ominus+\frac{0.0591}{3}\lg\frac{c(AlF_6^{3-})}{c^6(F^-)}$$

例2 计算 $MnO_2+4H^++2Cl^- \Longrightarrow Mn^{2+}+Cl_2+2H_2O$ 在 $1\ mol/L\ HCl$、$12\ mol/L\ HCl$ 情况下反应的电动势 E(Mn^{2+}、Cl_2 按标准状况处理)。

在 $1\ mol/L\ HCl$ 中:

$$c(H^+)=1\ mol/L, \quad c(Cl^-)=1\ mol/L$$

$$(+)MnO_2+2e^-+4H^+ \Longrightarrow Mn^{2+}+2H_2O$$

$$\varphi_+=\varphi^\ominus_{(MnO_2/Mn^{2+})}=+1.224\ V$$

$$(-)Cl_2+2e^- \Longrightarrow 2Cl^-, \quad \varphi_-=\varphi^\ominus_{(Cl_2/Cl^-)}=+1.358\ V$$

则

$$E=\varphi_+-\varphi_-=-0.134\ V$$

在 12 mol/L HCl 中：

$$c(H^+) = 12 \text{ mol/L}, \quad c(Cl^-) = 12 \text{ mol/L}$$

$$(+) MnO_2 + 2e^- + 4H^+ == Mn^{2+} + 2H_2O$$

$$\varphi_+ = \varphi^\ominus + \frac{0.0591}{2} \lg \frac{c^4(H^+)}{c(Mn^{2+})} = 1.352 \text{ V}$$

$$(-) Cl_2 + 2e^- == 2Cl^-, \quad \varphi_- = \varphi^\ominus + \frac{0.0591}{2} \lg \frac{p(Cl_2)}{c^2(Cl^-)} = 1.294 \text{ V}$$

则

$$E = \varphi_+ - \varphi_- = 0.058 \text{ V}$$

可见,浓盐酸的作用有两个方面:高浓度的 H^+ 提高 MnO_2 的氧化性,高浓度的 Cl^- 提高 Cl^- 的还原性。

7.2 电离平衡中常用的二级公式

1. 分布系数

分布系数(δ)是指某物种的浓度占总浓度(分析浓度)的比例,常用于酸碱平衡等计算。分布系数的公式比较复杂,我们不妨采用如下方式记忆。

(1) n 元弱酸 H_nA 共有 $n+1$ 个物种:H_nA,$H_{n-1}A^-$,$\cdots$,A^{n-}。

(2) 这 $n+1$ 个物种对应着分母上的 $n+1$ 项,其中每项都是 n 次式,即 $c(H^+)$ 与 K_a 的总幂次为 n。

(3) 某种物种若含有 x 个 H,对应项 $c(H^+)$ 的幂次就是 x,剩下 $n-x$ 幂次由 K_a 的连乘补全,即由 K_{a1} 连乘至 $K_{a(n-x)}$。

(4) 将 $n+1$ 项加和得到分母,若求某具体物种的分布系数,则将该物种对应的项移到分子上即可。

例3 请写出 HF、$H_2PO_4^-$ 的分布系数表达式。

$$\delta(HF) = \frac{c(H^+)}{c(H^+) + K_a}$$

分母两项依次代表 HF、F^-。

$$\delta(H_2PO_4^-) = \frac{K_{a1}c^2(H^+)}{c^3(H^+) + K_{a1}c^2(H^+) + K_{a1}K_{a2}c(H^+) + K_{a1}K_{a2}K_{a3}}$$

H_3PO_4 为三元酸,都是三次项,分母四项依次代表 H_3PO_4、$H_2PO_4^-$、HPO_4^{2-}、PO_4^{3-}。

分布系数的公式比较难记,初学者往往有畏难情绪,宁愿罗列几个电离方程式进行等效计算。实际上在复杂的平衡联动问题中,使用分布系数有很多好处:

(1)每种物质的浓度等于分析浓度($c_{总}$)乘以相应的分布系数 δ,而分析浓度是比较容易知道的,它往往与投料有关。

(2)分布系数只是氢离子浓度 $c(H^+)$ 的函数,我们只需要记住分布系数的公式即可,无须考虑忽略与近似的问题。

(3)公式化的分布系数可以简化分析过程与计算过程。

例4 已知:$K_{sp}(FeS) = 6.3 \times 10^{-18}$,$K_{a1}(H_2S) = 1.1 \times 10^{-7}$,$K_{a2}(H_2S) = 1.3 \times 10^{-13}$,$H_2S$ 的溶解度为 $0.1\ mol/L$,请通过计算判断 FeS 是否能溶于 $pH = 0$ 的溶液中。

溶液中 S^{2-} 的分布系数为

$$\delta(S^{2-}) = \frac{K_{a1}(H_2S)K_{a2}(H_2S)}{c^2(H^+) + K_{a1}(H_2S)c(H^+) + K_{a1}(H_2S)K_{a2}(H_2S)}$$

$$\approx K_{a1}(H_2S)K_{a2}(H_2S) = 1.43 \times 10^{-20}$$

即使溶液中 H_2S 已经饱和($0.1\ mol/L$),溶液中 S^{2-} 的浓度为

$$c(S^{2-}) = c(S_{总}) \times \delta(S^{2-}) \approx c(H_2S) \times \delta(S^{2-})$$

$$= 1.43 \times 10^{-21}\ mol/L$$

此时能使 FeS 沉淀的 Fe^{2+} 浓度为

$$c(Fe^{2+}) = K_{sp}(FeS)/c(S^{2-}) = 4.40 \times 10^3 \text{ mol/L}$$

很明显这个值是不可能达到的,因此 FeS 能溶于 1 mol/L 的 HCl 中。

可见,使用分布系数无需列出电离平衡表达式,就可以直接进行计算。

2. 缓冲溶液 pH 计算公式

在 HA-A$^-$ 缓冲溶液中,pH 与 pK_a 之间的关系为

$$pH = pK_a + \lg \frac{c(A^-)}{c(HA)} \tag{1}$$

这里遵循酸碱质子理论的定义,即 HA 与 A$^-$ 属于共轭酸碱对,之间只差一个质子。其中 HA 被称为酸式形态,A$^-$ 被称为碱式形态。HA 可以是任何含质子的物质,例如 HF(酸)、HCO_3^-(酸式盐)、NH_4^+ 对应的 A$^-$ 分别为 F^-、CO_3^{2-}、NH_3。

这个公式还有很多类似的写法,例如:

$$pH = pK_a - \lg \frac{c(HA)}{c(A^-)} \tag{2}$$

$$pOH = pK_b + \lg \frac{c(HA)}{c(A^-)} \tag{3}$$

这些写法都是正确的,但我们并不需要逐一记住,而只需要记住公式的形式,并基于化学意义推断 $c(HA)$、$c(A^-)$ 在分式上的位置以及"lg"前面的正负号。例如,如果分式的形式为 $\frac{c(A^-)}{c(HA)}$,且对应 pH-pK_a 的组合,则"lg"前面是正号,这意味着溶液中碱越多,酸越少,则 pH 越大。面对不同类型的数据,我们可以灵活使用该公式的不同形式。例如,对于 pK_b 已知的氨缓冲溶液,可以直接运用公式(3)计算 pOH,也可以先计算 p$K_a = 14 - pK_b$ 后,再运用

公式(1)或公式(2)计算 pH。

从该公式可以看出,在选择缓冲溶液时,最重要的是共轭酸的 pK_a 要与目标 pH 尽可能相近,而共轭酸、碱的比例对 pH 的影响并不大,只有达到 $1:10$ 的比例,才能使 pH 变化 1 个单位。如果溶液 pH 与某溶质的 pK_a 相差太远(例如 3 个单位以上),则该溶质可认为只包含酸或碱的一种形态,另一种形态就可以不考虑了(含量小于 $1/1000$)。

这个公式还有两个非常有趣的推论,在溶液不是特别稀的情况下可以直接使用:

(1) 共轭酸碱浓度比为 $1:1$ 时,溶液 pH 等于二者转化对应的 pK_a。

(2) 酸式盐溶液的 pH 等于该酸式盐邻近两个 pK_a 的平均值。

例如,对三元酸 H_3A 来说,当溶液 $pH=pK_{a1}$ 时,溶液中的成分是 H_3A 与 H_2A^- 的 $1:1$ 混合物;酸式盐 Na_2HA 的溶液 pH 应为 $(pK_{a2}+pK_{a3})/2$,如图 7.2 所示。

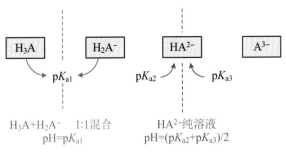

图 7.2　三元酸 H_3A 中 pH 与 pK_a 的关系

7.3 基于化学意义进行合理忽略

1. 合理忽略的底层逻辑——有效数字

忽略能够简化计算,是化学平衡中的高级技巧。值得注意的是,忽略并不意味着不严谨、不准确。恰恰相反,它是在考虑有效数字的基础上进行的一种合理近似。

化学中的定量数据大多来自仪器的测量。受仪器精度所限,测量数据不可能无限精确,只有数字的前几位是确信的,后面的数字要么不准确,要么根本无法获知。比如一份样品的精确质量为 1.8495308… g,如果用托盘天平称量,结果只能得到 1.8 g;如果用精确度为百分之一的电子天平,结果为 1.85 g;如果用精确度为万分之一的分析天平,结果为 1.8495 g。我们称这三个数据分别拥有 2 位、3 位、5 位有效数字。

超过有效数字范围的数值增减不具有可测量性、可分辨性、可感知性,也就没有了现实意义。例如,托盘天平上落了一根头发,电子天平上落了一粒灰尘,分析天平上样品损失了几个原子等。这些情况虽然改变了样品的质量,但精确度远在仪器的有效数字以外,无法被感知,对观察者来说就等于质量没有变化。换句话说,如果误差在有效数字之外,我们就有十足的把握将其忽略掉。

一般地,如果数据的误差小于有效数字最后一位的 1/2,这个误差就可以被忽略掉。例如,样品 A 的质量是 2.3 g,基于四舍五入的原则,它的实际质量应为 2.25～2.35 g。此时我们认为,0.05 g 以内的误差是可以忽略的,并不会影响数据的准确性。

面对陌生的题目,需要忽略误差的情形分两种情况:一种是常见的近似方法,即教材中明确提及过的满足哪些判据就可以忽略误差的方法,这相对容易,可以通过适当的训练熟练掌握;另一种是基于常识与元素化学的知识进行现场分析,自行判断哪里需要近似,这就比较困难了。

2. 一些常见的近似方法

以弱酸的电离平衡为例,讨论其中经常使用的误差忽略与近似方法。

若弱酸溶液中水的电离可以忽略不计,则这种近似方法被称为"一级近似"。在 2 位有效数字的情况下,一级近似的条件是 pH$<$6,此时 pOH$>$8。也就是说,此时 OH^- 的浓度小于 H^+ 浓度的 $1/100$,超过了 2 位有效数字能表达的范围,可以忽略不计。pH$<$6 这个条件对于绝大多数弱酸溶液简直是"小菜一碟",只要不是特别弱或特别稀的溶液,一般都能满足一级近似。

若电离导致的弱酸浓度减小可以忽略不计,则这种近似方法称为"二级近似"。对于反应:$HA \rightleftharpoons H^+ + A^-$,若 $c(H^+)$ 或 $c(A^-)$ 小于 $c(HA)$ 的 $1/20$,忽略带来的误差就会小于 5%。此时我们可以认为 $c(HA) \approx c(HA) - c(A^-)$,计算得 $c(H^+) = c(A^-) = \sqrt{c(HA) \times K_a}$。由于 $c(H^+)/c(HA) < 5\%$,因此 $c(HA)/K_a$ 的值需要大于 400,也就是说,酸要足够浓或足够弱。而 400 这个值也成了大多数教材中判断反应是否可以进行二级近似的通用标准。不过,随着实验对精确度要求的提高,二级近似的标准也会"水涨船高"(见表 7.1),即 $c(HA)/K_a$ 的值需要更大才能满足要求。

表 7.1　不同计算误差下可以进行二级近似的标准

计算误差	可以进行二级近似的标准
<5%	$c(HA)/K_a > 400$
<2%	$c(HA)/K_a > 2500$
<1%	$c(HA)/K_a > 10000$

对于二元弱酸 H_2A 的溶液,第一步电离后产生的 HA^- 若进一步电离($HA^- \rightleftharpoons H^+ + A^{2-}$),则会受到第一步电离产生的 H^+ 的抑制。若 K_{a2} 与 K_{a1} 相差较远(如 $K_{a2}/K_{a1} < 10^{-3}$),第二步电离可以忽略不计,将多元弱酸简化为一元弱酸处理。有时,我们可以将含有几种弱酸的混合物(彼此浓度相等)看作一种多元弱酸,这种"多元弱酸"的每一步的电离常数与其成分酸相等。这样,混酸便可以套用多元弱酸的理论模型,便于理解与计算(图 7.3)。

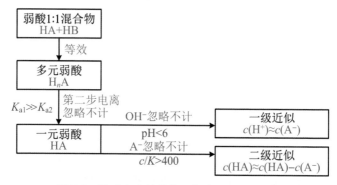

图 7.3　酸碱电离计算的一般流程与近似条件

例 5　1 L 0.1 mol/L 的乙酸铵溶液中加入 0.05 mol NaOH,求 NaOH 加入前、后溶液的 pH。(已知:$pK_a(HAc) = 4.74$,$pK_b(NH_3) = 4.70$。)

若同时考虑 Ac^- 的水解、NH_4^+ 的水解并写质子条件式,则计算过程会变得非常麻烦。

我们可以虚构一种"二元酸"H_2A(实际上非常类似于氨基酸),这种"二元酸"的第一步电离为 HAc 的电离,即 $pK_{a1} = pK_a(HAc) = 4.74$,第二步电离为 NH_4^+ 的水解,即 $pK_{a2} = 14 - pK_b(NH_3) = 9.30$。若能接受这种设定,乙酸铵可以认为是这种二元酸的酸式盐 HA^-,相当于虚构的"二元酸"完成了第一步电离,但未完成第二步电离,则 $pH = \dfrac{1}{2}(pK_{a1} + pK_{a2}) = 7.02$。

加入 NaOH 后,溶液中相当于同时存在 0.05 mol/L 的 HA^- 与 A^{2-},则 $pH = pK_{a2} = 9.30$。

遇到需要考虑是否近似的情况,我们有以下 3 种应对策略:

(1) 不进行近似,按通用方法计算。好处是不必担心近似所带来的误差,但处处谨慎非常浪费时间,甚至会出现复杂的方程无法求解的情况。

(2) 根据近似的前提条件判断题目是否符合近似的要求。这是大多数教材推荐的中规中矩方法,但需要额外记忆近似条件。

(3) 直接近似计算,最后根据计算结果验算自己的近似是否合理,如果合理就采用计算结果,不合理就要推倒重算。

例 6　计算 0.010 mol/L H_2SO_4 溶液中 H^+ 的浓度($K_{a2} = 1.1 \times 10^{-2}$)。

方法一　不进行二级近似,直接计算。

$$HSO_4^- \rightleftharpoons H^+ + SO_4^{2-}$$

初始浓度(mol/L)：　　　0.010　　　0.010　　　0

平衡浓度(mol/L)：　0.010$-x$　　0.010$+x$　　x

$$K_a = \frac{(0.010+x)x}{0.010-x} = 1.1 \times 10^{-2}$$

解得 $x = 4.3 \times 10^{-3}$ mol/L,故 $c(H^+) = 0.014$ mol/L。

方法二　根据近似条件判断是否符合近似要求。

因为 $c(HSO_4^-)/K_{a2}=0.9<400$，所以不能使用近似条件，则采用方法一进行计算。

方法三　先近似，后验算。

$$HSO_4^- \rightleftharpoons H^+ + SO_4^{2-}$$

初始浓度(mol/L)：　0.010　　0.010　　0

平衡浓度(mol/L)：　0.010　0.010$+x$　x

$$K_a = \frac{(0.010+x)x}{0.010} = 1.1 \times 10^{-2}$$

解得 $x=6.7\times 10^{-3}$ mol/L。

验算一下，此时 HSO_4^- 的浓度为 $0.010-0.0067=0.0033$ (mol/L)，这个值早已超出了 5% 的误差范围，说明不该近似的数据被近似了，因此结果是不正确的，应采用方法一进行计算。

3. 根据元素知识进行分析

跳出常见方法的桎梏是出题人永恒的追求。有些近似条件没有固定的解题方法，需要根据常识与元素知识进行分析。这类题目不仅考验同学对公式本身的熟悉程度，更考验他们对化学的感受力，甚至需要一瞬间的灵感。

一般来说，在热力学计算题中如果同时出现 5 个以上方程与未知数，则题目大概率不是通过解方程来计算的，否则时间会不够用。此时就要仔细分析题目，寻找其中的近似条件，减少未知数量。

例7　已知：HgS 的 $K_{sp}=4.0\times 10^{-53}$，$H_2S$ 的 $K_{a1}=1.1\times 10^{-7}$，$K_{a2}=1.3\times 10^{-13}$，若不考虑 Hg^{2+} 的水解，求 HgS 在水中的溶解度。

　　这是一道沉淀平衡与电离平衡联动的题目。可以理解为 HgS 先 1：1 电离出 Hg^{2+} 与 S^{2-}，然后电离出来的 S^{2-} 大部分水解，推动 HgS 电离平衡正向移动，直到最后 Hg^{2+} 与未水解的 S^{2-} 的浓度积等于 K_{sp}。弄清楚了大概的水解过程，我们就可以列方程求解了。

　　首先根据物料守恒，Hg^{2+} 与所有形式的硫化物浓度相等：$c(Hg^{2+})=c(S_{总})$；$c(S^{2-})$ 与溶液中 S^{2-} 分布系数有关：$c(S^{2-})=\delta(S^{2-})\times c(S_{总})$；最后，$c(S^{2-})$ 与 $c(Hg^{2+})$ 的乘积等于 K_{sp}：$c(S^{2-})\times c(Hg^{2+})=K_{sp}$。

　　三式合并，得

$$\delta(S^{2-})\times c^2(Hg^{2+})=K_{sp}$$

而 $\delta(S^{2-})$ 只是氢离子浓度 $c(H^+)$ 的函数：

$$\delta(S^{2-})=\frac{K_{a1}K_{a2}}{c^2(H^+)+K_{a1}c(H^+)+K_{a1}K_{a2}}$$

　　到此为止，这道题的突破点在于求解溶液中 H^+ 的浓度，进而求出分布系数 $\delta(S^{2-})$，最后求解方程中 Hg^{2+} 的浓度。

　　此题的精妙之处在于溶液中 H^+ 的浓度不用计算就显而易见：$c(H^+)=10^{-7}$ mol/L。因为 HgS 是世界上非常难溶的物质之一，它的水溶液成分和纯水几乎没有区别，所以其 pH 一定与水是相同的，即 pH＝7。这就是根据元素化学知识进行现场分析所做出的近似。

　　如果对计算结果不放心，我们可以将结论反推回去，验证 pH ＝7 这个假设是否正确。按此假设，$\delta(S^{2-})=6.8\times10^{-7}$，解得 $c(Hg^{2+})=c(S_{总})=7.6\times10^{-24}$ mol/L。这意味着电离出来的 S^{2-} 远不如水中 H^+、OH^- 多，丝毫不影响水的电离平衡。

　　例 8　CuS 的 $K_{sp}=6.3\times10^{-36}$，H_2S 的 $K_{a1}=1.1\times10^{-7}$，$K_{a2}=1.3\times10^{-13}$，将 H_2S 通入 0.1 mol/L 的 $CuSO_4$ 溶液中直到溶液饱和（0.1 mol/L），求此时 Cu^{2+} 的浓度。

尽管中规中矩地列守恒方程能得到准确结果,但根据 CuS 的性质进行分析简化无疑是化繁为简的上策。我们知道,CuS 难溶于普通强酸,这也就意味着,H_2S 与 $CuSO_4$ 的反应一定是进行完全的:

$$Cu^{2+} + H_2S \Longrightarrow 2H^+ + CuS, \quad K = K_{a1}K_{a2}/K_{sp} = 2.3 \times 10^{15}$$

根据等效平衡的原理,我们完全可以认为这个体系的最终状态是 CuS 浸泡在含有 0.2 mol/L H^+ 与 0.1 mol/L H_2S 的溶液中。由于溶液呈强酸性,我们完全可以忽略 HS^-、S^{2-} 的浓度:

$$c(S_{总}) = c(H_2S) = 0.1 \text{ mol/L}$$

将 $c(H^+) = 0.2$ mol/L 代入分布系数公式,得

$$\delta(S^{2-}) = \frac{K_{a1}K_{a2}}{c^2(H^+) + K_{a1}c(H^+) + K_{a1}K_{a2}} = 3.6 \times 10^{-19}$$

最后,可以结合 K_{sp} 的定义求解 $c(Cu^{2+})$:

$$K_{sp} = c(S^{2-}) \times c(Cu^{2+}) = \delta(S^{2-}) \times c(S_{总}) \times c(Cu^{2+})$$

解得 $c(Cu^{2+}) = 1.75 \times 10^{-16}$ mol/L。

例9 在某温度下,$CH_4(g) + H_2O(g) \Longrightarrow CO(g) + 3H_2(g)$,$CO(g) + H_2O(g) \Longrightarrow CO_2(g) + H_2(g)$,两个反应的平衡常数 K 均为 1.0。在反应器中通入分压为 0.05 bar 的 $CH_4(g)$ 与分压为 0.95 bar 的 $H_2O(g)$,保持反应器体积不变,达到平衡后,求 $CH_4(g)$ 的分压。

我们设平衡时 $p(CO) = x$ bar,$p(CO_2) = y$ bar,根据守恒关系:$p(CH_4) = (0.05 - x - y)$ bar,$p(H_2) = (3x + 4y)$ bar,$p(H_2O) = (0.95 - x - 2y)$ bar

既然所有气体压强都能用 x、y 表示,那么我们可以结合两个反应的平衡常数 K 列两个方程:

$$\frac{p(\text{CO})\,p^3(\text{H}_2)}{p(\text{CH}_4)\,p(\text{H}_2\text{O})}=1 \tag{1}$$

$$\frac{p(\text{CO}_2)\,p(\text{H}_2)}{p(\text{CO})\,p(\text{H}_2\text{O})}=1 \tag{2}$$

理论上可以求解 x、y。但实际操作中,这个方程组将非常难解,强行求解绝不是上策,我们需要进行合理的近似。我们发现,H_2O 与 CH_4 初始分压比为 $19:1$,而化学计量数比仅为 $1:1$,H_2O 过量非常多。我们应该能意识到,此时 CH_4 应该有很高的转化率。我们可以大胆假设:CH_4 能够反应完全。

我们可以先估计一下 $p(\text{CH}_4)$ 的数量级以验证这个假设是否成立。若只考虑第一个反应,CH_4 反应完全时,$p(\text{H}_2\text{O})=0.90$ bar,$p(\text{H}_2)=0.15$ bar,$p(\text{CO})=0.05$ bar,此时求解 $p(\text{CH}_4)=1.9\times10^{-4}$ bar。这个分压非常低,若叠加第二个反应只能更低,这与我们的假设"CH_4 能够反应完全"相一致。

基于这个假设,$x+y=0.05$,此时 $p(\text{H}_2)=(0.15+y)$ bar,$p(\text{H}_2\text{O})=(0.90-y)$ bar,$p(\text{CO})=(0.05-y)$ bar,我们便成功消去一个未知数。代入 (2) 式解得 $y=0.041$ bar,即 $p(\text{CO}_2)=0.041$ bar,$p(\text{CO})=0.009$ bar,$p(\text{H}_2\text{O})=0.859$ bar,$p(\text{H}_2)=0.191$ bar。将上述数据代入 (1) 式得到 $p(\text{CH}_4)=7.3\times10^{-5}$ bar。

8

化学中的微积分——通过图像巧妙理解

　　学习化学动力学、气体熵变、偏摩尔体积等模块需要学习者具有微积分知识,这无疑提高了学习的门槛。提到"微积分"三个字,不少同学谈虎色变,认为公式烦琐,难以理解。笔者将在本章介绍一套适合低年级同学学习微积分的方法,希望能用最短的时间使读者对化学中的微积分有一个感性认识。

　　与抽象的数学相比,化学更强调微积分在现实中的应用,例如,温度 T、压强 p、体积 V、浓度 c、时间 t 等变量都具有明确的物理意义,且只能取正数。基于上一章的思想,计算数值时我们可以将符号与数值分开考虑,先计算数值,再根据化学意义确定正负号,因此在实际操作中可以不考虑积分上下限交换等符号问题。在实际应用时应当充分发挥这些优势,简化计算。

8.1 求导

我们可以用数形结合的方式理解求导,在 x-y 函数图像中,求导相当于求切线的斜率。

直接得到切线斜率不是很容易,但我们可以通过求截线的斜率去估计它。如图 8.1(1)所示,若求点 (x_0, y_0) 处的切线斜率,我们可以在点 (x_0, y_0) 左、右各找一个点 (x_1, y_1)、(x_2, y_2) 并构造截线,其斜率 $k = \dfrac{y_2 - y_1}{x_2 - x_1} = \dfrac{\Delta y}{\Delta x}$。当然,用 k 代表点 (x_0, y_0) 的斜率并不精确,为了提高估计的准确度,我们可以让点 (x_1, y_1)、(x_2, y_2) 进一步逼近点 (x_0, y_0),此时 Δx、Δy 将进一步变小,二者的比值 $\dfrac{\Delta y}{\Delta x}$ 将进一步接近点 (x_0, y_0) 处斜率的真实值(图 8.1(2))。当 Δx、Δy 无限接近 0 时,此时二者用 $\mathrm{d}x$、$\mathrm{d}y$ 表示,二者之比将等于点 (x_0, y_0) 处的斜率,即 $k = \dfrac{\mathrm{d}y}{\mathrm{d}x}$(图 8.1(3))。

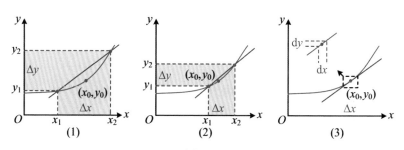

图 8.1 通过数形结合理解导数

上述定义可以用在化学反应速率的计算方法中。如图 8.2 所示,在浓度(c)-时间(t)图像中,截线斜率的绝对值代表 $t_1 \sim t_2$ 间的平均速度：

$$v = \left| \frac{\Delta c}{\Delta t} \right| = \left| \frac{c_2 - c_1}{t_2 - t_1} \right|$$

切线斜率的绝对值代表 t_0 时刻的瞬时速度：

$$v(t_0) = \left| \frac{\mathrm{d}c}{\mathrm{d}t} \right|$$

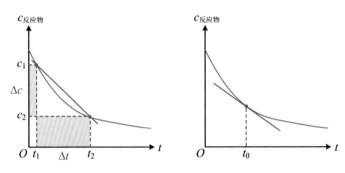

图 8.2　$c\text{-}t$ 图中的平均速率（左）与瞬时速率（右）

8.2　微积分

若只考虑第一象限的函数图像，定积分 $\int_a^b f(x)\mathrm{d}x$ 可理解为积分下限（$x = a$）、积分上限（$x = b$）、函数图像（$y = f(x)$）与 x 轴围成的图形面积 S，如图 8.3 所示。

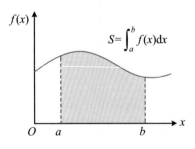

图 8.3　定积分的图像的表示

我们可以使用先微分再积分的方法求面积 S。

在化学问题中，我们都可

以设定积分上限大于积分下限,以方便运算。如图 8.4(左)所示,假设积分下限 $a=0$,积分上限 $b=10$,我们可以将积分上、下限之间等分为 5 份,每份的宽度 $\Delta x=2$,再分别取 $f(0)$、$f(2)$、$f(4)$、$f(6)$、$f(8)$ 的值作为长方形的高度,构造出 5 个长方形,这 5 个长方形面积之和与 S 近似相等。毋庸置疑,这样计算 S 并不精确,为了提高估计的准确度,我们可以进一步细分,减小每个长方形的宽度(例如使 $\Delta x=0.5$),构造出更多的长方形,再用长方形面积之和估算面积 S,如图 8.4(右)所示。

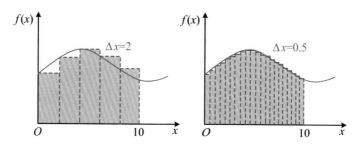

图 8.4 用先微分再积分的方法估算积分面积 S

像这样将上、下限之间等分为若干等份的操作称为微分,将若干面积加和的操作称为积分。微分时,若 Δx 无限接近 0,则用 $\mathrm{d}x$ 表示。此时每个细长的长方形宽度为 $\mathrm{d}x$,高度为 $f(x)$,面积 $\mathrm{d}S=f(x)\mathrm{d}x$,这就是积分表示中 $f(x)\mathrm{d}x$ 的由来。而符号 $\int_a^b$ 表示积分操作从 $x=a$ 执行至 $x=b$,如图 8.5 所示。与求导类似,微积分得到的是面积的精确值而不是估算值。

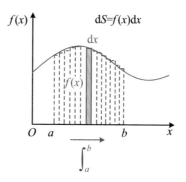

图 8.5 微积分中的符号图解

8.3　微积分的计算

求导与微积分是逆运算：

$$求导\quad F'(x) = \frac{\mathrm{d}F(x)}{\mathrm{d}x} = f(x)$$

$$求积分\quad \int f(x)\mathrm{d}x = F(x)$$

上、下限固定的积分（定积分）可表示为

$$\int_a^b f(x)\mathrm{d}x = F(b) - F(a)$$

例如，瞬时速率 v 是浓度 c 对时间 t 求导，对应 c-t 图中的切线斜率（绝对值）。浓度的改变量 $|\Delta c|$ 是瞬时速率 v 的积分，对应 v-t 图中的积分面积，如图 8.6 所示。在这个例子中 c 是原函数 $F(t)$，v 是导函数 $f(t)$。

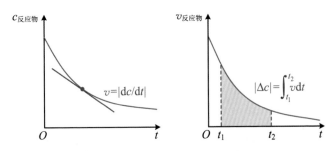

图 8.6　c-t 图（左）、v-t（右）图中切线斜率与积分面积

初期学习微积分时，导函数 $f(x)$ 与原函数 $F(x)$ 的关系需要记下来。化学问题中用到的函数并不多，常见的函数如表 8.1 所示，其对应的函数图像如图 8.7 所示。

表 8.1 化学问题中常用的原函数与导函数

导函数 $f(x)$	原函数 $F(x)$	积分 $\int_a^b f(x)\,\mathrm{d}x$
k(常数)	kx	$k(b-a)$
$\dfrac{k}{x}$	$k\ln x$	$k\ln\dfrac{b}{a}$
$\dfrac{k}{x^2}$	$-\dfrac{k}{x}$	$k\left(\dfrac{1}{a}-\dfrac{1}{b}\right)$
$\dfrac{k}{x^n}$	$-\dfrac{1}{n-1}\times\dfrac{k}{x^{n-1}}$	$\dfrac{k}{n-1}\left(\dfrac{1}{a^{n-1}}-\dfrac{1}{b^{n-1}}\right)$

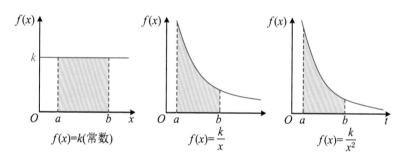

图 8.7 常用的函数图像

8.4 微积分在化学中的应用

1. 化学反应动力学

化学反应速率 v 若与某底物浓度 c 的 n 次方成正比,则称该

反应对这个底物为 n 级反应。根据瞬时速率的定义，$v = -\dfrac{dc}{dt}$，故三种反应分别符合：

$$零级反应 \quad v = -\frac{dc}{dt} = k \quad (k \text{ 是常数})$$

$$一级反应 \quad v = -\frac{dc}{dt} = kc$$

$$二级反应 \quad v = -\frac{dc}{dt} = kc^2$$

我们将含变量 t、c 的项分别整理到等号两侧，得到

$$零级反应 \quad dc = -kdt$$

$$一级反应 \quad \frac{dc}{c} = -kdt$$

$$二级反应 \quad \frac{dc}{c^2} = -kdt$$

将三式左、右两边分别做定积分，设定积分下限为 t_1（对应浓度 c_1），积分上限为 t_2（对应浓度 c_2）：

$$零级反应 \quad \int_{c_1}^{c_2} dc = -\int_{t_1}^{t_2} kdt$$

$$一级反应 \quad \int_{c_1}^{c_2} \frac{1}{c} dc = -\int_{t_1}^{t_2} kdt$$

$$二级反应 \quad \int_{c_1}^{c_2} \frac{1}{c^2} dc = -\int_{t_1}^{t_2} kdt$$

参照表 8.1 中的对应关系，得到以下积分结果，即反应物浓度随时间的变化关系：

$$零级反应 \quad c_1 - c_2 = k(t_2 - t_1)$$

$$一级反应 \quad \ln \frac{c_1}{c_2} = k(t_2 - t_1)$$

$$二级反应 \quad \frac{1}{c_2} - \frac{1}{c_1} = k(t_2 - t_1)$$

同理,对于任意的 n 级反应,反应物浓度 c 随时间 t 的变化关系为

$$\frac{1}{n-1}\left(\frac{1}{c_2^{n-1}} - \frac{1}{c_1^{n-1}}\right) = k(t_2 - t_1)$$

2. 理想气体熵变的计算

熵定义为可逆过程中的热温商,其表达式用微分形式表示:

$$dS = \frac{\delta Q}{T}$$

由于传热 Q 不是状态函数而依赖于路径,故不作 dQ 的写法,而写作 δQ。可逆过程对初学者来说不是很容易理解。我们可以简单认为,在可逆过程中应时刻处于平衡状态(热平衡、受力平衡或化学平衡),即任意时刻体系与环境的温度、压强等性质应保持相同。对于相变或化学反应,可逆过程也意味着反应过程中 $\Delta G = 0$。

若体系与环境的条件完全相同,则体系无法发生具有方向性的变化。因此我们假设可逆过程是分无数次进行的。在每次微小的变化中,环境的温度、压强相比于体系改变了无穷小量,即 $T + dT$,$P + dP$,如图 8.8 所示。这样,在每次变化中我们也可以认为体系与环境的温度、压强保持不变。可以看出,可逆过程的计算使用了微分-积分的思想,故可以使用微积分工具。

对于 1 mol 理想气体,其压强 p、温度 T 与体积 V 受到理想气体方程的约束,可逆过程可以分为恒压过程(p 不变)、恒容过程(V 不变)与恒温过程(T 不变)三种基本过程。

在恒压过程中,假设温度上升(温度下降的推理类似),则 $\delta Q = C_p \times dT$,其中 C_p 为等压热容。将其代入 $dS = \frac{\delta Q}{T}$ 中,得 $dS =$

$\dfrac{C_p \mathrm{d}T}{T}$。将两边取定积分,即 $\displaystyle\int_{S_1}^{S_2}\mathrm{d}S=C_p\int_{T_1}^{T_2}\dfrac{\mathrm{d}T}{T}$,得 $\triangle S=S_2-S_1=$

$C_p\ln\dfrac{T_2}{T_1}$。由于恒压过程中 T 与 V 成正比,该结果也可以写作 $\triangle S$

$=C_p\ln\dfrac{V_2}{V_1}$。

相似地,在恒容过程中 $\triangle S=C_V\ln\dfrac{T_2}{T_1}=C_V\ln\dfrac{p_2}{p_1}$。

在恒温过程中,内能 U 时刻保持不变($\triangle U=0$),基于热力学第一定律 $\triangle U=W+Q$,传热 Q 等于做功 W 的负值,即 $\delta Q=-\delta W$。假设体积增加,$\delta W=-p\mathrm{d}V$(克服外界压强做功,如图 8.8(右)所示),$\delta Q=p\mathrm{d}V=\dfrac{RT\mathrm{d}V}{V}$。将其代入 $\mathrm{d}S=\dfrac{\delta Q}{T}$ 中,得

$\mathrm{d}S=\dfrac{R\mathrm{d}V}{V}$。将两边取定积分,得 $\displaystyle\int_{S_1}^{S_2}\mathrm{d}S=R\int_{V_1}^{V_2}\dfrac{\mathrm{d}V}{V}$,$\triangle S=S_2-S_1$

$=R\ln\dfrac{V_2}{V_1}$。由于恒温过程中 P 与 V 成反比,也可以写作 $\triangle S=$

$R\ln\dfrac{p_1}{p_2}$。

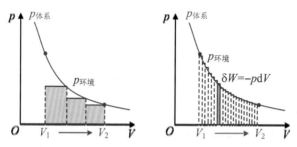

图 8.8　理想气体等温膨胀过程

左图为有限次膨胀,环境压强(蓝线)与体系压强(紫线)不相
等,不属于可逆过程;右图为微分-积分法计算体系功,在每
个微元中,环境与体系的压强均相等,属于可逆过程。

表 8.2　恒压、恒容、恒温过程的熵变计算公式

过程	熵变公式
恒压过程	$\Delta S = C_p \ln \dfrac{T_2}{T_1} = C_p \ln \dfrac{V_2}{V_1}$
恒容过程	$\Delta S = C_V \ln \dfrac{T_2}{T_1} = C_V \ln \dfrac{p_2}{p_1}$
恒温过程	$\Delta S = R \ln \dfrac{V_2}{V_1} = R \ln \dfrac{p_1}{p_2}$

　　理想气体从任意状态 $1(p_1, V_1, T_1)$ 到状态 $2(p_2, V_2, T_2)$ 的变化可以通过寻找一个假想的过渡状态(temp),再经过两个基本操作组合实现,即"恒压＋恒容""恒压＋恒温""恒温＋恒容"过程,如图 8.9 所示。参照表 8.2 中恒压、恒容、恒温过程的熵变计算公式,体系变化的熵变可以由图 8.9 中的三个公式计算得到。

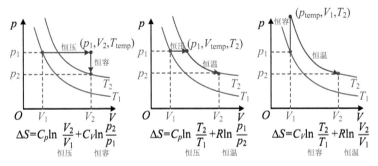

图 8.9　理想气体从任意状态 $1(p_1, V_1, T_1)$ 到状态 2
(p_2, V_2, T_2) 状态变化所对应的三种路径

左图表示"恒压＋恒容"状态,中图表示"恒压＋恒温"状态,右图表示"恒容＋恒温"状态。蓝色表示等温线,紫色箭头表示经过的路径,"temp"表示过渡状态中与始末态都不相同的假想过渡状态。

　　值得注意的是,我们在使用微积分工具时,不必纠结公式的正负号。我们可以将符号与数值分开考虑,先计算数值,再

根据化学意义确定正负号。例如,在动力学计算中,$\ln\dfrac{c_1}{c_2}$、$\dfrac{1}{c_2}-\dfrac{1}{c_1}$ 的值必须大于 0 才有意义;在熵变计算中,$\Delta T>0$ 的恒压、恒容过程,$\Delta V>0$ 的恒温过程应对应 $\Delta S>0$,反之对应 $\Delta S<0$。

8.5 连成一条线

化学中有很多线性关系,也有很多非线性关系。非线性关系中因变量可能与自变量的平方、倒数、指数或对数成比例。在没有计算机的时代,用直尺与坐标纸只能处理线性相关关系,因此化学家会想方设法调整自变量、因变量的表达式,以实现变量间的线性相关,这个习惯保留至今。

研究化学反应动力学时,我们无法直接对速率进行测量,只能通过测量反应物浓度 c 随时间 t 的变化关系,并观察它更符合哪个级数的表达式。基于 8.4 节中的结果,对于零级、一级、二级与 n 级反应,其 $c\text{-}t$、$\ln c\text{-}t$、$1/c\text{-}t$ 与 $1/c^{n-1}\text{-}t$ 图分别显示线性关系(如表 8.3 所示)。

表 8.3　不同级数的反应中存在的线性关系

反应类型	线性关系	图像表示
零级反应	$c\text{-}t$	

反应类型	线性关系	图像表示
一级反应	$\ln c$-t	
二级反应	$1/c$-t	
n 级反应	$1/c^{n-1}$-t	

范特霍夫方程 $\ln \dfrac{K_1^{\ominus}}{K_2^{\ominus}} = -\dfrac{\Delta H^{\ominus}}{R}\left(\dfrac{1}{T_1} - \dfrac{1}{T_2}\right)$，克拉珀龙-克劳修斯方程 $\ln \dfrac{p_1}{p_2} = -\dfrac{\Delta H_{\text{vap}}^{\ominus}}{R}\left(\dfrac{1}{T_1} - \dfrac{1}{T_2}\right)$ 与阿伦尼乌斯方程 $\ln \dfrac{k_1}{k_2} = -\dfrac{E_a}{R}\left(\dfrac{1}{T_1} - \dfrac{1}{T_2}\right)$ 具有相似的表达式。仔细观察，三者左侧都是 $\ln \dfrac{b}{a}$ 的形式，是 $\dfrac{1}{x}$ 的定积分；右侧都是 $-k\left(\dfrac{1}{a} - \dfrac{1}{b}\right)$ 的形式，是 $\dfrac{k}{x^2}$ 的定积分。所以三者也有相应的微分表达形式，如表 8.4 所示。值得注意的是，这三个方程也能找出变量间的线性关系：它们分别在 $\ln K$-$\dfrac{1}{T}$、$\ln p$-$\dfrac{1}{T}$、$\ln k$-$\dfrac{1}{T}$ 图中呈线性关系，并可以通过斜率求得对应的 ΔH 或 E_a。

表 8.4　几个可以表示出线性关系的方程

积分形式	微分形式	线性关系	图像表示
$\ln \dfrac{K_1^{\ominus}}{K_2^{\ominus}} = -\dfrac{\Delta H^{\ominus}}{R}\left(\dfrac{1}{T_1}-\dfrac{1}{T_2}\right)$	$\dfrac{\mathrm{d}\ln K}{\mathrm{d}T} = \dfrac{\Delta H^{\ominus}}{RT^2}$	$\ln K$ - $\dfrac{1}{T}$	
$\ln \dfrac{p_1}{p_2} = -\dfrac{\Delta H^{\ominus}_{\mathrm{vap}}}{R}\left(\dfrac{1}{T_1}-\dfrac{1}{T_2}\right)$	$\dfrac{\mathrm{d}\ln p}{\mathrm{d}T} = \dfrac{\Delta H^{\ominus}_{\mathrm{vap}}}{RT^2}$	$\ln p$ - $\dfrac{1}{T}$	
$\ln \dfrac{k_1}{k_2} = -\dfrac{E_a}{R}\left(\dfrac{1}{T_1}-\dfrac{1}{T_2}\right)$	$\dfrac{\mathrm{d}\ln k}{\mathrm{d}T} = \dfrac{E_a}{RT^2}$	$\ln k$ - $\dfrac{1}{T}$	

图像表示说明：
- 第一行：纵轴 $\ln K$，横轴 $1/T$；斜率:$-\Delta_r H_m/R$，$\Delta_r H_m<0$；斜率:$-\Delta_r H_m/R$，$\Delta_r H_m>0$
- 第二行：纵轴 $\ln p$，横轴 $1/T$；斜率:$-\Delta H_{\mathrm{vap}}/R$
- 第三行：纵轴 $\ln k$、$\ln A$，横轴 $1/T$；斜率:$-E_a/R$

9

氧化还原反应——电子与质子"齐飞"

写未知反应方程式,尤其是涉及氧化还原反应的方程式,往往是各类考试考查的重点内容。处理未知反应方程式的逻辑与方法在一定程度上反映了该同学对化学反应的理解,并不是应试答题那么简单。

很多同学写方程式时总想能"毕其功于一役",一次性写出正确答案,但往往又不知从何下手,提笔不定又不想打草稿,最后不得不靠"瞎蒙""瞎编"草草收场。这些是初学者常见的错误习惯。写方程式时一定要有依据,也就是说,每个化学方程式都要"扪心自问"这个写法是否有据可依。如果无法回答依据,或者是"猜的""蒙的""我认为的",那基本上就是错的,白白浪费笔墨和时间,还不如空着不写。

常见的"依据"分以下 3 个优先级:

(1)出题人在题目中的要求。出题人有时会提出特殊的要求,例如,规定具体生成物是什么,规定某物质中的元素比例等。这些要求可能是为了调整题目难度、提供关键信息或增加题目灵活性,以打破化学元素学习中机械记忆的桎梏。因此,即使与记忆中的知识不一致,也不可违背出题人的要求与意图。

(2) 教科书上记载的标准方程式。随着时代的发展,照搬书中的方程式在大型考试中越来越少见了。不过,博闻强识对于元素化学的学习仍然有好处,教科书上记载的标准方程式可以作为判例使用,为解决类似的问题提供了方向。例如,$4Na_2SO_3 \xrightarrow{\text{高温}} 3Na_2SO_4 + Na_2S$ 是标准方程式,作为判例,我们可以判断 $Na_2S_2O_4$ 在高温加热时也会生成相同的物质,至少不会有 Na_2SO_3 生成。真实结果为

$$2Na_2S_2O_4 \xrightarrow{\text{高温}} Na_2S + Na_2SO_4 + 2SO_2$$

(3) 基于化学反应原理推测的方程式。基于元素性质、化学反应原理推测生成物,保证写出来的方程式不能违反已知的化学反应原理。

另外,很多初学者喜欢用 H_2、O_2、金属等单质"凑数",以求将化学方程式配平,这也是很不好的习惯。**写化学方程式的原则是:先确定生成物再进行配平。以配平为目的而设计生成物,则为本末倒置。**例如,化学反应能够生成 H_2、O_2 的原因是:溶液中存在比 H_2 还原性更强或比 O_2 氧化性更强的物质,而不是因为配平的时候还差几个 H、O 原子。实际上,能生成 H_2、O_2 的反应是很少的,在 E-pH 图中氢线(氧线)的位置很低(高),再除去 0.5 V 左右的过电势,能达到如此还原性(氧化性)的物质很少。并且体系中可能存在更合适的氧化剂、还原剂,一般 H_2、O_2 不能生成。

本章重点讲授如何基于化学反应原理推测方程式。首先我们要摒弃"毕其功于一役"的想法,放弃幻想,脚踏实地,不要认为自己能够一次性将化学方程式写对,在实际操作中做到有逻辑、有顺序、有步骤。氧化还原反应一般包含电子转移与质子转移的联动(图 9.1),**写一个这样的反应大体上分三步:先处理电子转**

移,再处理质子转移,最后对方程式进行修正。

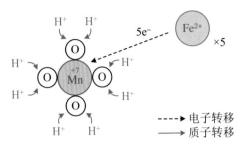

图 9.1　氧化还原反应中电子转移与质子转移的联动

9.1　电子转移与质子转移

在传统概念中,电子转移、质子转移分别属于氧化还原反应、非氧化还原反应。由于它们的本质都是微粒的转移,二者具有很多相似之处。例如,反应规律都是"强制弱",都能发生"歧化"与"归中"类型的反应等,如表 9.1 所示。

表 9.1　电子转移、质子转移的反应规律

反应类型	电子转移	质子转移
强制弱	$2e^-$ $Cu^{2+} + Fe \Longrightarrow Fe^{2+} + Cu$ (强氧化剂)　(强还原剂)　(弱氧化剂)　(弱还原剂)	H^+ $HCl + CN^- \Longrightarrow HCN + Cl^-$ (强酸)　(强碱)　(弱酸)　(弱碱)
歧化反应	$Cl_2 + H_2O \Longrightarrow HCl + HClO$ HCl　Cl_2　$HClO$	$2NaHCO_3 \Longrightarrow Na_2CO_3 + H_2O + CO_2$ CO_3^{2-}　HCO_3^-　H_2CO_3
归中反应	$2Fe^{3+} + Fe \Longrightarrow 3Fe^{2+}$ Fe^{3+}　Fe^{2+}　Fe	$Na_2CO_3 + H_2CO_3 \Longrightarrow 2NaHCO_3$ CO_3^{2-}　HCO_3^-　H_2CO_3

氧化性、还原性与电子转移有关;酸性、碱性与质子转移有关。如果体现这些性质的反应物是过量的,我们就称这些反应物

构造了一个"化学氛围"。按照这个定义,化学氛围可粗略地分为表 9.2 中的 4 类,即酸性-氧化性、酸性-还原性、碱性-氧化性与碱性-还原性。当然,化学氛围的划分并不是简单的二分法,而是可以定量表示的,具有连续性的过渡。从强酸性到强碱性,pH 可以经历 0～14 的连续变化;氧化-还原性氛围也可以通过比较电极电势 φ 进行定量。

表 9.2　化学氛围的分类

酸碱性	氧化性	还原性
酸性	酸性-氧化性氛围 （酸性 $KMnO_4$、HNO_3、Cl_2）	酸性-还原性氛围 （锌汞齐-HCl、$FeCl_2$、$TiCl_3$）
碱性	碱性-氧化性氛围 （Na_2O_2、NaClO）	碱性-还原性氛围 （SO_3^{2-}、N_2H_4）

与化学氛围相比,少量的反应物属于在"大环境"中"随波逐流"的角色。也就是说,其存在形式要与溶液的化学氛围保持一致。以 S、Cr、Fe 元素为例,其常见的存在形式如表 9.3 所示。

表 9.3　S、Cr、Fe 元素在不同化学氛围中的存在形式

S 元素	酸性	中性	碱性
还原性	SO_2	HSO_3^-	SO_3^{2-}
氧化性	SO_4^{2-}（HSO_4^-）	SO_4^{2-}	SO_4^{2-}
Cr 元素	酸性	中性	碱性
还原性	Cr^{3+}	$Cr(OH)_3$	$Cr(OH)_4^-$
氧化性	$Cr_2O_7^{2-}$	CrO_4^{2-}	CrO_4^{2-}
Fe 元素	酸性	中性	碱性
还原性	Fe^{2+}		$Fe(OH)_2/FeO$
氧化性	Fe^{3+}		$Fe(OH)_3/Fe_2O_3$

表 9.3 属于定性描述,而定量描述可参见每种元素的 E-pH

图,Fe 与 Cr 元素的 E-pH 图如图 9.2 所示。我们可以通过查阅 E-pH 图确定该元素在已知"化学氛围"中(包括溶液 pH 与电极电势)对应的热力学稳定物质。

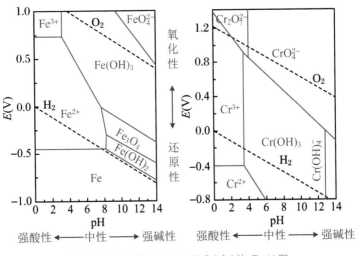

图 9.2 Fe 元素(左)、Cr 元素(右)的 E-pH 图

9.2 处理电子转移

如果确认一个化学反应属于氧化还原反应,我们首先要明确电子转移过程。此步骤要确定氧化剂、还原剂、氧化产物、还原产物这四要素。此时,我们只需要考虑四要素中核心元素的化合价,暂时不用考虑物质的具体形态。这个过程可以用"元素符号＋罗马字母"表示。例如:

Cr(Ⅵ)将 S(Ⅳ)氧化:

$$Cr(Ⅵ) + S(Ⅳ) === Cr(Ⅲ) + S(Ⅵ)$$

高锰酸钾氧化 S(Ⅳ):

$$Mn(VII) + S(IV) =\!=\!= Mn(II) + S(VI) \quad (酸性)$$
$$Mn(VII) + S(IV) =\!=\!= Mn(IV) + S(VI) \quad (中性)$$
$$Mn(VII) + S(IV) =\!=\!= Mn(VI) + S(VI) \quad (碱性)$$

9.3 处理质子转移

确定了电子转移过程,下一步就要确定质子转移过程。也就是说,我们要根据体系的酸碱性氛围确定每个元素所对应的具体物质。溶液酸碱性氛围一定会在题目中直接或间接地告诉你,常见描述方式如下:

(1)酸碱性氛围可能是一个很明确的状态,比如强酸性、强碱性、弱酸性等用词,或"pH=8"这类定量描述。

(2)酸碱性氛围以过量的反应物为准。尤其是常见、便宜的酸碱(如 HCl、H_2SO_4、$NaOH$、KOH)参与反应时,其目的就是控制溶液酸碱性氛围,默认都是过量的。绝不会出现"pH 反转"。

(3)在弱酸、弱碱及缓冲溶液体系中,如 NH_3-NH_4Cl 溶液、$NaHCO_3$ 溶液,共轭酸碱对一般会参与质子转移反应。此时要注意这些溶液的 pH 范围,生成物的形式要与体系酸碱性氛围保持一致。

(4)如果溶液里面没有明确说额外加了酸、碱或缓冲溶液,那么初始体系就不存在一个明确的化学氛围,也就是说,溶液不具备缓冲酸碱的能力。溶液最终的 pH 会与最后生成的是 H^+ 还是 OH^- 有关。

我们尝试一下,用这个原则处理在稀 H_2SO_4(强酸)、NaOH 溶液(强碱)与 $NaHCO_3$(缓冲溶液)中,$Cr(VI)$ 将 $S(IV)$ 氧化的化学方程式。我们先处理电子转移过程,再根据不同酸碱性氛围确定每个元素所对应的具体物质,如表 9.4 所示。

表 9.4 在不同溶液中 Cr(Ⅵ)与 S(Ⅳ)反应所对应的具体物质

溶液	化学氛围	元素对应的具体物质				
		Cr(Ⅵ)	+ S(Ⅳ)	$=$	Cr(Ⅲ)	+ S(Ⅵ)
稀 H_2SO_4	强酸	$Cr_2O_7^{2-}$	SO_2		Cr^{3+}	SO_4^{2-}
NaOH	强碱	CrO_4^{2-}	SO_3^{2-}		$Cr(OH)_4^-$	SO_4^{2-}
$NaHCO_3$	pH≈8	CrO_4^{2-}	SO_3^{2-}		$Cr(OH)_3$	SO_4^{2-}

确定了具体物质,接下来就是配平具体的方程式,如表9.5所示。在质子转移配平中,强酸性条件使用 H^+/H_2O 的组合,强碱性条件使用 OH^-/H_2O 的组合,缓冲溶液使用共轭酸/共轭碱的组合(例如 HCO_3^-/CO_3^{2-})转移质子。

表 9.5 在不同溶液中 Cr(Ⅵ)与 S(Ⅳ)反应的方程式

溶液	氛围	配平的方程式
稀 H_2SO_4	强酸	$Cr_2O_7^{2-}+3SO_2+2H^+=2Cr^{3+}+3SO_4^{2-}+H_2O$
NaOH	强碱	$2CrO_4^{2-}+3SO_3^{2-}+5H_2O=2Cr(OH)_4^-+3SO_4^{2-}+2OH^-$
$NaHCO_3$	pH≈8	$2CrO_4^{2-}+3SO_3^{2-}+H_2O+4HCO_3^-=$ $2Cr(OH)_3+3SO_4^{2-}+4CO_3^{2-}$

最后讨论没有缓冲能力的体系。**对于没有明确溶液氛围与缓冲能力的水溶液,只能使用水分子作为反应物,在配平过程中推测生成的是 H^+ 还是 OH^-**(具体生成酸还是碱与初始反应物有关)。如果初始物质是 $Cr_2O_7^{2-}$ 与 HSO_3^-,则初步配平结果是

$$Cr_2O_7^{2-}+3HSO_3^-+H_2O=2Cr^{3+}+3SO_4^{2-}+5OH^-$$

但很明显 OH^- 与反应物 HSO_3^-、$Cr_2O_7^{2-}$ 以及生成物 Cr^{3+} 都不能共存,所以最后要结合具体情况进行修正,以确定真实的生成物:

$$Cr_2O_7^{2-}+3HSO_3^-+H_2O=5/3Cr(OH)_3+1/3Cr^{3+}+3SO_4^{2-}$$

类似地,如果初始物质是 CrO_4^{2-} 与 SO_3^{2-},则配平结果是

$$2CrO_4^{2-}+3SO_3^{2-}+5H_2O=2Cr(OH)_4^-+2OH^-+3SO_4^{2-}$$

9.4 检查方程式是否正确

像上例那样,方程式写完还需修正的情况并不罕见。而且,即使再细心的同学,也难免有忽略溶液条件的时候。因此在写完方程式时一定要仔细检查,确定生成的物质不会进一步与反应物、其他生成物发生反应。尤其要注意,碱性氛围中不能生成酸性物质,酸性氛围中不能生成碱性物质。常见的酸性物质有酸(H^+)、酸性氧化物(包括 NO_2、ClO_2)、非金属单质、铵盐等;常见的碱性物质有碱(OH^-)、碱性氧化物、金属单质、氨等。表 9.6 举几个具体修正的实例,供大家参考。

表 9.6　一些方程式修正的实例

实例		化学方程式
未经过酸化的 $FeSO_4$ 被 O_2 氧化。	修正前	$4Fe^{2+} + O_2 + 2H_2O \Longrightarrow 4Fe^{3+} + 4OH^-$
	修正后	$4Fe^{2+} + O_2 + 2H_2O \Longrightarrow 4Fe(OH)^{2+}$ 或 $4Fe^{2+} + O_2 + 2H_2O \Longrightarrow 4/3Fe(OH)_3 + 8/3Fe^{3+}$
向 NH_4I 溶液中通入 O_2,生成氧化产物 I_3^-。	修正前	$6I^- + O_2 + 2H_2O \Longrightarrow 2I_3^- + 4OH^-$
	修正后	$6I^- + 4NH_4^+ + O_2 \Longrightarrow 2I_3^- + 4NH_3 + 2H_2O$
Na_2SO_3 溶液中滴入少量溴水[①]。	修正前	$SO_3^{2-} + Br_2 + H_2O \Longrightarrow SO_4^{2-} + 2Br^- + 2H^+$
	修正后	$3SO_3^{2-} + Br_2 + H_2O \Longrightarrow SO_4^{2-} + 2Br^- + 2HSO_3^-$
向次氯酸钠溶液中加入少量的草酸钠[②]。	修正前	$C_2O_4^{2-} + ClO^- + H_2O \Longrightarrow Cl^- + 2CO_2 + 2OH^-$
	修正后	$C_2O_4^{2-} + 3ClO^- + 2H_2O \Longrightarrow Cl^- + 2CO_3^{2-} + 2HClO$

① 少量溴水意味着 Br_2 不足量,如果 Br_2 过量,则所有 S(Ⅳ)都将被完全氧化:$SO_3^{2-} + Br_2 + H_2O \Longrightarrow SO_4^{2-} + 2Br^- + 2H^+$,最终溶液呈强酸性。

② 次氯酸钠是一个特殊的体系。考虑到生产生活实际,次氯酸钠溶液一般来自氯气与碱的反应,其中不可避免地含有大量 Cl^- 与没有反应完的 OH^-。所以次氯酸钠溶液也可以认为是强碱性环境。若考虑这个因素,该反应也可以写为 $C_2O_4^{2-} + ClO^- + 2OH^- \Longrightarrow 2CO_3^{2-} + Cl^- + H_2O$。

9.5　氧化还原反应方程式的配平技巧

方程式配平推荐使用基于电子转移数目（双线桥）的配平方法，而待定系数法等纯数学方法只能作为辅助手段。有些化学反应使用待定系数法时会得到很多组答案，此时需要根据化学意义，取符合转移电子数的一组答案。例如，H_2O_2 与酸性高锰酸钾反应的化学方程式使用纯数学方法得到的结果为

$$2MnO_4^- + xH_2O_2 + 6H^+ === 2Mn^{2+} + (2.5 + 0.5x)O_2 + (3 + x)H_2O$$

其中，x 可以是任意正整数。而基于电子转移数目（双线桥）的配平结果只有一种：

$$2MnO_4^- + 5H_2O_2 + 6H^+ === 2Mn^{2+} + 5O_2 + 8H_2O$$

这才是化学反应的真实情况。

在中规中矩的流程之外，笔者还总结了一些能够快速配平的小技巧，供大家参考。

1. 处理含氧型氧化剂

对于含氧型氧化剂（高价氧化物、含氧酸根），如果生成物中核心元素不再含氧，H^+ 的系数是氧化剂中氧原子系数的 2 倍。

例 1　配平以下化学方程式：

（1）重铬酸钾与浓盐酸反应制备氯气。

配平过程：因为氧的唯一去向就是生成 H_2O，H_2O 配 7，HCl 配 14 即可。

$$K_2Cr_2O_7 + 14HCl === 2KCl + 2CrCl_3 + 3Cl_2 + 7H_2O$$

（2）高锰酸钾常用作草酸的滴定剂，请写出相关反应的化学方程式。

配平方法与上面类似，确定 MnO_4^-、$H_2C_2O_4$ 的系数为 2、5 后，消耗 H^+ 的数目应该是 MnO_4^- 中 O 数目的 2 倍(16 个)，再扣除草酸自带的 10 个 H 即可。

$$2MnO_4^- + 5H_2C_2O_4 + 6H^+ =\!=\!= 2Mn^{2+} + 10CO_2 + 8H_2O$$

2. 利用方程式叠加

对于复杂的方程式(尤其是带 x 的)，使用方程式叠加往往有奇效，详见 5.3 节中的内容。

3. 通过化学键的极性判断化合价

对于结构复杂的物质(尤其是有机化合物)，可以通过化学键的极性判断关键元素的化合价。相比于简单无机物，本方法只关注关键元素化合价的变化，结构不变的基团即便再复杂，也可以不予考虑。

在结构式的基础上，我们需要标出与核心元素直接相连的化学键，并根据化学键两端的电负性判断这些化学键的极性，电负性大的元素带负电，电负性小的元素带正电。核算化合价时，我们采用"一刀切"的计数原则：每存在一对偏向核心元素的电子对，核心元素化合价 -1；每存在一对远离核心元素的电子对，核心元素化合价 $+1$；若核心元素与同种元素相连，则该化学键被认为是非极性(没有电子偏移)的。在以上计算的基础上，再加上该元素的形式电荷，即为该核心元素的最终化合价。表 9.7 列出一些物质中核心元素(已加粗)化合价的计算方式，其中箭头表示极性方向(正电指向负电)。

表 9.7　一些物质中核心元素化合价的计算

物质	结构	电子偏移	形式电荷	化合价
NO_3^-	$-O \leftarrow \overset{\overset{\displaystyle O}{\uparrow\uparrow}}{N^+} \rightarrow O^-$	+4	+1	+5
BF_4^-	$F \leftarrow \overset{\overset{\displaystyle F}{\uparrow}}{\underset{\underset{\displaystyle F}{\downarrow}}{B^-}} \rightarrow F$	+4	−1	+3
CH_3CHO	$H_3C-\overset{\overset{\displaystyle O}{\uparrow\uparrow}}{C}\leftarrow H$	+1	0	+1
甲苯	$\underset{\underset{\displaystyle H}{\downarrow}}{\overset{\overset{\displaystyle H}{\uparrow}}{C}}\leftarrow H$	−3	0	−3
苯甲酸	$\overset{\overset{\displaystyle O}{\uparrow\uparrow}}{C}\rightarrow OH$	+3	0	+3
硝基苯	$\overset{\overset{\displaystyle O}{\uparrow\uparrow}}{N^+}\rightarrow O^-$	+2	+1	+3
苯胺	$\overset{\overset{\displaystyle H}{\uparrow}}{N}\leftarrow H$	−3	0	−3
胱氨酸	$R \rightarrow S-S \leftarrow R$	−1	0	−1
半胱亚磺酸	$R \rightarrow \overset{\overset{\displaystyle O}{\uparrow\uparrow}}{S}\rightarrow OH$	+2	0	+2

例2　请配平酸性重铬酸钾氧化甲苯的化学反应方程式。

甲苯的氧化产物为苯甲酸。基于表9.7中的判断,甲苯、苯甲酸中苯环外碳原子的化合价分别为−3、+3。相当于从甲苯到苯甲酸,该碳原子失去6个电子,基于此推断进行配平,得到

$$PhCH_3 + Cr_2O_7^{2-} + 8H^+ = PhCOOH + 2Cr^{3+} + 5H_2O$$

为了让读者深入理解本章内容,下面列出一些例题。

例3 铬铁矿($FeCr_2O_4$)是一种常见的含铬矿物,铬铁矿用浓热的 H_2O_2-NaOH 溶液处理可转化为可溶铬盐。

H_2O_2-NaOH 是典型的氧化性-碱性气氛,在此气氛下 Fe、Cr 元素将会转化为高化合价的碱式形态,以此为基础进行书写化学反应方程式。

先处理电子转移:$FeCr_2O_4$ 中 Fe 为 +2 价,Cr 为 +3 价,在氧化性气氛中 Fe 会转化为 +3 价,Cr 会转化为 +6 价。用罗马数字表示化合价,可以写出如下转化形式:

$$2FeCr_2O_4 + 7H_2O_2 \longrightarrow 2Fe(Ⅲ) + 4Cr(Ⅵ) + 14O(-Ⅱ)$$

再找出 Fe(Ⅲ)、Cr(Ⅵ)在碱性形态下的存在形式(Fe_2O_3、CrO_4^{2-}):

$$2FeCr_2O_4 + 7H_2O_2 \longrightarrow Fe_2O_3 + 4CrO_4^{2-}$$

最后通过 OH^-/H_2O 的碱性组合配平质子转移:

$$2FeCr_2O_4 + 7H_2O_2 + 8OH^- \Longrightarrow Fe_2O_3 + 4CrO_4^{2-} + 11H_2O$$

例4 浓氨水能够检验氯气管道是否发生泄漏,请用化学反应方程式解释其原理。

结合题目描述与实际情况,这个题目的本质是问:过量的氨气(来自氨水挥发)与氯气如何反应?

只考虑电子转移,发生的化学反应可写为

$$2NH_3 + 3Cl_2 \Longrightarrow N_2 + 6HCl$$

在氨气过量的情况下,我们需要在此基础上增加一个质子转移反应,即生成的 HCl 与过量的 NH_3 反应,最后总反应方程式为

$$8NH_3 + 3Cl_2 \Longrightarrow N_2 + 6NH_4Cl(白烟)$$

值得注意的是,在碱性氛围中不能生成 HCl 等强酸,因此一定要发生一步酸碱反应将其消耗掉。这是常见考点,也是很多初学者容易忽略的地方。

例 5 饱和 Na_2CO_3 溶液与 Cl_2 反应能制备 Cl_2O,写出对应的化学反应方程式。

先分析电子转移:Cl_2 转化为 Cl_2O 化合价升高,必有元素化合价降低。有降低可能性的只有 Na、C、Cl 三种元素。逐一排除,Cl_2 的歧化是最合理的,该反应与 Cl_2 和 H_2O 反应生成 HCl 和 HClO 的反应非常类似。基于以上分析,我们先写出一个初步的方程式:

$$2Cl_2 + H_2O = Cl_2O + 2HCl$$

由于在 Na_2CO_3 溶液中不能生成 HCl,我们需要在此基础上增加一个质子转移反应。由于 Na_2CO_3 是饱和的(过量的),最终生成的 HCO_3^- 而不是 H_2CO_3:

$$HCl + Na_2CO_3 = NaCl + NaHCO_3$$

最后上述两个反应组合的结果为

$$2Cl_2 + H_2O + 2Na_2CO_3 = Cl_2O + 2NaCl + 2NaHCO_3$$

例 6 向硫代硫酸钠溶液中通入过量的氯气,写出该反应的化学方程式。

由于氯气是过量的,所有 S 元素一定被氧化到最高化合价($+6$)。据此写出电子转移反应:

$$S(\text{II}) + Cl(0) = S(\text{VI}) + Cl(-\text{I})$$

再考虑物质形态,该反应的具体形式应为

$$S_2O_3^{2-} + 4Cl_2 = 2SO_4^{2-} + 8Cl^-$$

接下来考虑质子转移反应。由于溶液中不存在强酸、强碱或缓冲对,只有硫代硫酸钠、水两种物质,因此在反应物中只能让 H_2O 参与质子转移反应,生成物的种类要根据配平结果判断:

$$S_2O_3^{2-} + 4Cl_2 + 5H_2O = 2SO_4^{2-} + 8Cl^- + 10H^+$$

我们发现,反应结束后有大量 H^+ 生成,即反应结束后溶液呈强酸性。

例7 用保险粉($Na_2S_2O_4$)还原弱碱性($pH=8$)废水中的 $Cr(VI)$,得到含 $Cr(III)$ 与 $S(IV)$ 的产物,写出该反应的化学方程式。

这道题已经给出了完整的电子转移过程,根据电子转移数初步配平,得

$$6S(III)+2Cr(VI) === 2Cr(III)+6S(IV)$$

接下来,我们需要判断在 $pH=8$ 的条件下各物质的存在形式,将方程式细化为以下形式:

$$3S_2O_4^{2-}+2CrO_4^{2-} === 2Cr(OH)_3+6SO_3^{2-}$$

考虑在实际情况下,污水不可能有高浓度的共轭缓冲对,故按照无缓冲能力的纯水处理。此时只能以 H_2O 作为反应物参与配平,处理结果为

$$3S_2O_4^{2-}+2CrO_4^{2-}+4H_2O === 2Cr(OH)_3+6SO_3^{2-}+2H^+$$

由于 H^+ 与 SO_3^{2-} 不能共存,因此该方程式需要进行修正,得到的最终结果为

$$3S_2O_4^{2-}+2CrO_4^{2-}+4H_2O === 2Cr(OH)_3+4SO_3^{2-}+2HSO_3^-$$

例8 将 $MnCl_2 \cdot 2H_2O$ 和 $KMnO_4$ 固体在研钵中研磨可得 MnO_2,写出该反应化学方程式。

由于没有溶剂的存在,该反应不能写成离子方程式,更不能随意加入 H^+、OH^- 或超过结晶水数量的 H_2O。

根据题目描述,该反应是归中反应。据此先初步配平电子转移反应(忽略结晶水):

$$3MnCl_2+2KMnO_4 === 5MnO_2$$

处理过电子转移反应后,其余元素的化合价就不能再变化了。此时我们逐一排查各个元素的最终存在形式:K 元素最适合的状态是 KCl,而多余的 Cl 元素只能与水中的 H 元素组合成 HCl 气体。于是将反应转化为以下写法:

$$3MnCl_2 + 2KMnO_4 + 2H_2O == 5MnO_2 + 4HCl + 2KCl$$

由于初始状态 $MnCl_2$ 是带结晶水的,上述方程式应修正为

$$3MnCl_2 \cdot 2H_2O + 2KMnO_4 == 5MnO_2 + 4HCl + 2KCl + 4H_2O$$

例 9 硝酸银、氧化亚铜和水共同加热时,有 1/3 的铜以硝酸铜的形式存在于溶液中,2/3 的铜以碱式硝酸铜的形式沉淀下来,写出该反应的化学方程式。

反应后,$Cu(I)$ 化合价上升,必有元素化合价下降,经分析 Ag^+ 化合价下降合理。据此写出电子转移反应:

$$2AgNO_3 + Cu_2O == 2Cu(II) + 2Ag$$

接下来的重点在于判断"碱式硝酸铜"的化学式,从命名上看应为 $Cu_x(OH)_y(NO_3)_z$。结合电子转移数,总方程式可以写为

$$2AgNO_3 + Cu_2O == aCu(NO_3)_2 + bCu_x(OH)_y(NO_3)_z + 2Ag$$

根据题目描述,1/3 的 Cu 变成 $Cu(NO_3)_2$,2/3 的 Cu 变成 $Cu_x(OH)_y(NO_3)_z$。根据元素守恒可求得 $x=2$,$y=3$,$z=1$,系数 $a=2/3$,$b=2/3$。基于最简整数比的原则,上述方程式应修正为

$$3Cu_2O + 6AgNO_3 + 3H_2O == 2Cu_2(OH)_3NO_3 + 2Cu(NO_3)_2 + 6Ag$$

10

复分解反应——交换舞伴的圆舞曲

复分解反应是形如 AB＋CD ══ AC＋BD 的反应，犹如交际舞会中两对舞者互相交换舞伴。值得注意的是，复分解反应是一种形式而非本质，很多化学反应都可以从复分解反应角度出发去理解。

10.1 狭义的复分解反应

传统理论认为，复分解反应是指生成弱电解质（包括水）、气体或沉淀的反应。它们都是离子反应、非氧化还原反应，从某种意义上来说都符合"强制弱"的规律：

（1）生成弱电解质的反应与质子转移相关，规律是"强酸制弱酸"，倾向生成电离常数 K_a 更小的物质。例如：

$$2CH_3COOH＋Na_2CO_3 ══ 2CH_3COONa＋H_2CO_3$$

（2）生成气体的反应与温度相关，规律是"高沸点制低沸点"，倾向生成沸点更低的物质。例如：

$$H_2SO_4 + NaCl \rule[0.5ex]{1em}{0.4pt} NaHSO_4 + HCl$$

（3）生成沉淀的反应与溶解度相关,规律是"溶解度大制溶解度小",倾向生成 K_{sp} 更小的物质。例如:

$$AgCl + NaI \rule[0.5ex]{1em}{0.4pt} AgI + NaCl$$

这个规律在非水溶剂中也同样成立,例如,在丙酮溶液中,溶解度大的 NaI 能与氯代烷反应,生成碘代烷和溶解度小的 NaCl。

值得注意的是,"强酸制弱酸"与氧化还原反应中"强氧化剂制弱氧化剂"都是基于焓效应($\Delta H < 0$),而"高沸点制低沸点"是基于熵效应($\Delta S > 0$)。根据吉布斯自由能判据,低温下以焓效应为主,高温下以熵效应为主。故"强酸制弱酸"类反应一般发生在低温条件下,"高沸点制低沸点"类反应发生在高温条件下:

$$HCl(aq) + NaH_2PO_4(aq) \rule[0.5ex]{1em}{0.4pt} NaCl(aq) + H_3PO_4(aq) \quad (低温)$$
$$H_3PO_4(l) + NaCl(s) \rule[0.5ex]{1em}{0.4pt} NaH_2PO_4(aq) + HCl(g) \quad (高温)$$

再例如,SiO_2 在常温条件下是极弱的酸性氧化物,但由于其沸点极高,在高温下成了绝对"强者",能推动各种生成气体的反应:

$$Na_2CO_3 + SiO_2 \xrightarrow{高温} Na_2SiO_3 + CO_2\uparrow$$

$$CaSO_4 + SiO_2 \xrightarrow{高温} CaSiO_3 + SO_3\uparrow$$

$$2Ca_3(PO_4)_2 + 10C + 6SiO_2 \xrightarrow{高温} 6CaSiO_3 + P_4\uparrow + 10CO\uparrow$$

10.2 广义的复分解反应

从形式上看,复分解反应并不局限于生成水、气体和沉淀的反应。广义的复分解反应满足下列变换规则:

（1）把两根化学键打开（用虚线表示）。

（2）根据电负性判断化学键的极性,并标记两端的带电情况（用 $\delta+$、$\delta-$ 表示）。

（3）根据正负相连的原则对化学键进行重新组合（用实线表示）。

我们可以借助几道例题看一看化学反应是如何体现上述变换原则的。

例1 制备 $NaBH_4$ 的方法之一是：BF_3 先与甲醇反应，生成物蒸馏后再与过量的 NaH 反应，写出对应的化学反应方程式及其反应过程。

$$\overset{\delta+|\delta-}{BF_3}+3\overset{\delta-|\delta+}{CH_3OH}=\!=\overset{\delta+}{B}\overset{\delta-}{(OCH_3)_3}+3\overset{\delta+}{H}\overset{\delta-}{F}$$

$$\overset{\delta+}{B}\overset{\delta-}{(OCH_3)_3}+3\overset{+|-}{NaH}=\!=\overset{\delta+}{B}\overset{\delta-}{H_3}+3\overset{-}{CH_3O}\overset{+}{Na}$$

$$\overset{\delta+}{B}\overset{\delta+}{H_3}+\overset{+}{Na}\overset{-}{H}=\!=NaBH_4$$

例2 氮化硅可通过等离子体法由 SiH_4 与氨气反应得到，写出对应的化学反应方程式及其反应过程。

$$3\overset{\delta+|\delta-}{SiH_4}+4\overset{\delta-|\delta+}{NH_3}=\!=\overset{\delta+}{Si_3}\overset{\delta-}{N_4}+12H_2$$

例3 在乙醚溶液中，氯化硼可以与氨反应生成一种无机芳香性化合物。该化合物在高温灼烧时生成一种白色固体化合物，写出对应的化学反应方程式及其反应过程。

注：虚线代表断开的旧化学键，实线表示形成的新化学键，下同。

卤氧交换反应是广义复分解反应中的常见类型,经常出现在各种真题、模拟题中。在形式上表现为 2 个卤原子与 1 个氧原子交换位置,或 1 个卤原子与 1 个 $-OH$ 交换位置。

例 4 CCl_4 与 SO_3 反应生成一种气体与一种液体,写出对应的化学反应方程式及其反应过程。

$$CCl_4 + SO_3 = COCl_2 + SO_2Cl_2$$

例 5 $Ca_3(PO_4)_2$ 可以与 $SOCl_2$ 反应制备 PCl_5,$CaSO_3$ 可以与 PCl_5 反应制备 $SOCl_2$,写出对应的化学反应方程式及其反应过程。

$$Ca_3(PO_4)_2 + 8SOCl_2 = 2PCl_5 + 3CaCl_2 + 8SO_2$$

$$CaSO_3 + 2PCl_5 = CaCl_2 + 2POCl_3 + SOCl_2$$

例 6 AsF_5 与无水硝酸反应,写出对应的化学反应方程式及其反应过程。

$$2HNO_3 + 3AsF_5 \Longrightarrow 2NO_2^+ AsF_6^- + AsOF_3 + H_2O$$

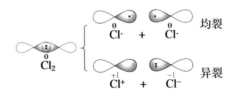

$$2HNO_3 + AsF_5 \Longrightarrow 2NO_2F + AsF_3(OH)_2$$
$$+2AsF_5 \downarrow \qquad\qquad \downarrow$$
$$2NO_2^+ + 2AsF_6^- \qquad AsOF_3 + H_2O$$

一些氧化还原反应(主要是歧化反应)也可以用复分解反应的形式去理解,虽然实际过程可能相差很远,但不失为一种方便记忆的思路。

这里引入化学键均裂与异裂的概念。化学键的实质是 2 个原子共用的电子对,当化学键断开时,若每个原子各带走 1 个电子,生成 2 个自由基,则这种断裂方式被称为均裂。若 1 个原子带走 1 对电子(带负电),另一个原子不带走电子(带正电),则这种断裂方式被称为异裂,如图 10.1 所示。

图 10.1 氯分子的均裂和异裂

在有些氧化还原反应中,我们可以认为对称的化学键(或非极性键)首先发生异裂,形成正、负两部分。这两部分分别与电性相反的其他碎片结合,经过类似复分解反应的过程最终得到产物。我们可以看看下面的例子。

例 7 Cl_2、$(CN)_2$ 在水、碱中的歧化反应方程式及其示意图（图 10.2）。

$$Cl_2 + H_2O = HCl + HClO$$

$$(CN)_2 + 2NaOH = NaCN + NaCNO + H_2O$$

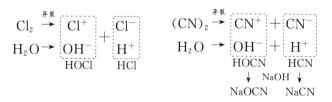

图 10.2 Cl_2、$(CN)_2$ 的歧化示意图

例 8 P_4 在碱中的歧化反应方程式及其示意图（图 10.3）。

$$P_4 + 3NaOH + 3H_2O = PH_3 + 3NaH_2PO_2$$

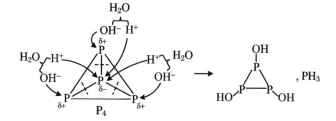

----发生异裂的化学键

图 10.3 P_4 的歧化示意图

10.3　有机化学中的复分解反应

有机化学对于初学者来说往往较难入门,尤其是机理部分。在归纳总结有机反应时,可以利用广义复分解反应的规则记忆反应的形式。作为过渡,这种方式对未来学习、理解机理有一定帮助。尽管机理复杂,很多有机化学反应的结果能按广义的复分解反应理解。最终反应形式上符合 10.2 节中的变换规则:

(1) 把两根化学键打开(用虚线表示)。

(2) 根据电负性判断化学键的极性,并标记两端的带电情况(用 $\delta+$、$\delta-$ 表示)。

(3) 根据正负相连的原则对化学键进行重新组合(用实线表示)。

基于电负性表,我们认为与卤素、氧、硫、氮等直接相连的碳原子带正电,与氢、硼、金属等直接相连的碳原子带负电。碳正离子、碳负离子的概念也是从这里衍生出来的。表 10.1 为常见元素的电负性。

表 10.1　常见元素的电负性

元素	电负性	元素	电负性
F	4.0	S	2.5
O	3.5	C	2.5
N	3.0	H	2.1
Cl	3.0	B	2.0
Br	2.8	常见金属	0.7~1.6
I	2.5		

符合广义复分解形式的有机化学反应非常丰富,下面我们列举一些例子。

（1）亲核反应。

SN_1 反应：

$$\overset{\delta+}{CH_3CH_2}-\overset{\delta-}{Br} + RO^-Na^+ \longrightarrow \overset{\delta+}{CH_3CH_2}-\overset{\delta-}{OR} + Na^+Br^-$$

环氧乙烷开环：

酮的亲核加成：

（2）亲电反应。

苯环的取代：

（3）消除反应。

卤代烷的消除：

醇的消除：

反应前后碳原子的电性若发生变化,可认为其化合价发生了变化,故属于有机化学中的氧化还原反应。例如,卤代反应、氧化加成、还原加成等。

卤代反应:

氧化加成:

还原加成:

我们认为与吸电子官能团直接相连的碳-碳键中,碳原子的电性能够发生诱导,即与 δ＋相连的碳电性为 δ－。如图 10.4 所示,在乙醛中与羰基碳(1,δ＋)直接相连的碳原子(2,也称 α 碳)被羰基诱导,具有负电性。从反应结果上看,α 碳可以作为 δ－ 的基团与其他 δ＋基团相连;与 α 碳直接相连的氢原子则作为 δ＋基团与其他 δ－基团相连,例如羟醛缩合反应(图 10.5)。

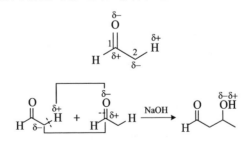

图 10.4 乙醛中原子的电性与乙醛发生的羟醛缩合反应

　　值得注意的是,官能团只能诱导最邻近的 α 碳原子,远位置的碳原子不再具有反应活性。如图 10.5 所示,2-戊酮的活性位置只有 2 个 α 位(1,3),更远的碳原子(4,5)不再具有反应活性。

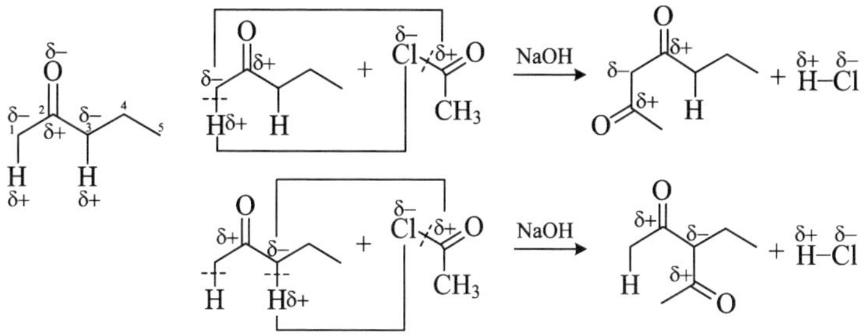

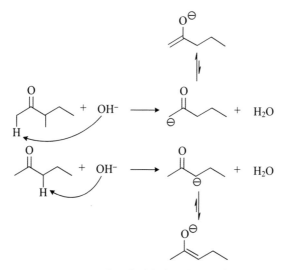

图 10.5　2-戊酮中原子的电性与 2-戊酮 α 位发生的缩合反应

　　分析反应中间体可以解释上述反应规则。与 α 碳直接相连的氢原子具有更强的电离能力(即酸性),故可以与强碱反应,生成与羰基共轭的、较稳定的碳负离子。以 2-戊酮为例,碳负离子的形成过程如图 10.6 所示。

图 10.6　2-戊酮中碳负离子的形成过程

共轭双键、三键能够传递碳-碳键的极性,使得相隔若干共轭双键的原子能够被诱导并获得电性。因此共轭双键前后的位点具有相似的化学性质,这被称为"插烯规则"。如图 10.7 所示,在连续的共轭双键中,$\delta+$ 电性的碳原子均能被亲核试剂进攻,从而形成不同的产物。

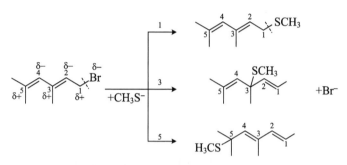

图 10.7　含有连续共轭双键的溴代烃发生的亲核取代反应

烯酮类化合物能够发生 1,2-加成与 1,4-加成两种反应,是有机化学中学习的重点之一。其中 2 号位是热力学有利位置,一般加成小位阻亲核试剂;4 号位是动力学有利位置,一般加成大位阻亲核试剂,形式如图 10.8 所示。

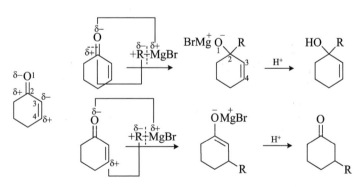

图 10.8　烯酮类化合物的 1,2-加成与 1,4-加成反应

11

化学情商——理解出题人的意图

想做好化学题目,尤其是化学竞赛题目,丰富的知识只是要素之一。实战中,我们还要有理解出题人意图的能力,也就是"化学情商"。什么叫"理解他人意图"呢? 我们可以看几个例子:

(1)假设你在大街上闲逛,一名陌生人问你:"请问你戴手表了吗?"你认为,陌生人是好奇你有没有手表这个用品,还是想知道时间?

(2)假设你期中考试成绩不理想,老师把你叫到办公室语重心长地说:"你头脑特别聪明,如果肯努力就一定会进步。"你认为,老师是为了表扬你头脑聪明,还是想批评你没有努力学习?

(3)假设你和女朋友逛街路过奶茶店,女朋友突然问你:"你喜不喜欢喝奶茶?"你觉得,她是在关心你的饮食偏好,还是她想喝奶茶?

能够在特定情境下,体会字面意思的"言外之意",就是所谓的"理解他人意图"。与数学、物理相比,化学题仿佛更在乎这方面的能力,它们往往题干很长,而且有很多考查"言外之意"的说法与问法。实战中我们需要将字面意思、生活场景、图像表格等信息"翻译"成科学语言与化学术语，再利用自己学过的知识处理这些问题。也就是说，解题中首要的工作就是把出题人想说却遮遮掩掩没有明说的话挖掘出来。

无论是校园时代的题目，还是未来生活中的实际问题，都是"以人为本"，而不是"以问题为本"。也就是说，所有问题本质与源头都是"人"的问题。理解这一点至关重要，未来的恋爱与工作也会受益匪浅。做化学题忌讳的是抠字眼，钻牛角尖，需要的是站在出题人的角度想问题。你需要以出题人的视角，思考出题人的目的是什么，思考他要考你哪些知识点。这些考点大概率不会太简单、太难、超纲或跑偏，否则出题人面对同行会很难堪。你甚至需要揣测出题人出题时的心理活动，比如他想在哪里考一个知识点或者想在哪里做一个变形。

我见过很多同学知识掌握得滚瓜烂熟，遇到具体题目却抓不住重点，甚至反过来指责题目问得"不明不白"，这就是典型的"以问题为本"，没有理解出题人的意图。实际上，面对复杂的化学题，能"秒懂"出题人意思的同学能从中拿分，而不理解出题人意图的就容易止步在字面上。

11.1 出题人会想什么

要想把题目做好，应该"以人为本"地思考问题，而不是"以问题为本"。遇到犹豫不决之处，你需要透过题目与出题人对话，并适时地进行角色扮演——假设你是出题人，你该怎么处理。

像高考、全国竞赛等大型考试，出题的目的绝不是用难题刁难你，用怪题耍你，或用偏题向考生炫耀自己的学识。题目的终极目的是要有区分度，避免过分简单或过分难的题目带来的拉平效应。

这个思路我们完全可以反向利用。如果竞赛考试的答案只涉及初、高中的基本知识点，这道题一定是不合格的，出题人断然不会这样。例如，2019 年初赛第 1 题中考到：$CsAuCl_3$ 中 Au 的化合价——它必定不是 $+2$ 价，因为这个值是学过初中化学就能算出来的，不可能在全国竞赛试卷上出现。再比如，2020 年决赛第 1 题有一个小问：该酸（H_3PO_3）是几元酸？实际元数一定与化学式中氢原子数目不同，否则就会过于简单。这种问法也启发了考生的思路向亚磷酸、次磷酸方向靠拢。曾有学生向我请教一道涉及金属氧化物与盐酸反应的计算题，我说这个反应一定涉及高价金属氧化物将氯离子氧化的反应，最后推出的氧化物果然是 RuO_4。因为如果这道题单纯是碱性氧化物与酸的反应就太过简单，失去了竞赛的意义，因此它一定不是那样的。

相反，如果你发现你的思维过于复杂，往往就是该简化、近似或忽略的时候了。例如，你在热力学题目中列出一个五元五次方程组，一定不要着急去解答，它一定有额外的近似技巧或捷径，因为出题人不可能把时间与考查重点放在解方程组这件与化学无关的事上。如果你凑出来的分子结构极其复杂，又缺乏美感，那基本上就是猜错了，因为出题人不可能把标准答案设计成复杂又没有规律的样子，这样的物质在现实中无法稳定存在，而且还大幅度地增加了阅卷人的工作量。对大分子来说，利用对称性是降低结构复杂程度的常见方法，堪称"化学中的艺术"，也是出题人热衷的考点。对称性在配合物中多表现为小基团的重复使用，在有机化学中多表现为"成环"。总之，最终答案一定不是复杂又无趣的结构。

类似地，正式考试时钻牛角尖式"严谨"不可取，可能会造成无谓的失分。要知道，**化学方程式中有很多约定俗成的表达习惯，并不是所有情况都要"严谨"地表达出来**。如果你的答案不符合表达习惯,其余同学也无法想到这一点,它是不会出现在标准答案上的,因为标准答案必须要照顾到大多数同学的思维方式。例如,$AlCl_3$、$SiCl_4$ 的水解生成物是 $Al(OH)_3$、H_2SiO_3,这点本来是约定俗成的共识。但无机化学书上讲,这两种固体实质是 $Al_2O_3 \cdot xH_2O$、$SiO_2 \cdot xH_2O$。倘若你真的配出来一个带 x 的复杂方程式,有可能会被判错,因为标准答案必须顾及习惯与大多数考生的答案,而不会是所谓"严谨"的结果。再比如,尽管烷基锂试剂、格式试剂、高价金属卤化物(例如 $AlCl_3$、$ReCl_5$)往往以多聚体形式存在,溶液中的简单离子都是水合物,硫单质应以 S_8 分子的形式存在,但标准答案考虑到表达习惯,一般还是会写成相应的单体、简单离子与 S。

11.2 读懂出题人的暗示

出于区分度的考虑,如果出题人直白地告诉生成物是什么物质,会显得题目太简单;如果没有任何提示又会太难,甚至使题目无法解答。折中的方法就是:出题人通过一些描述暗示缺失的一环是哪个物质,或者是哪一类物质。常见的暗示有物质的颜色、性质用途、反应性能、相关化学史等。当然,你需要有丰富的无机化学知识、意会能力与长期的实践经验,才能很好地理解这些暗示。

能否读懂这些暗示是区分内行与外行的重要标准,如同影视剧中地下交易的场景,黑老大会压低声音问:"那个带来了吗?"黑老大用"那个"代指具体交易的物品,好处是只有交易双方能沟通信息,对于无知群众具有保密性。在考题中,"那个"就代表着一个你和出题人都能心领神会的、符合题目语境的物质,如果其他人不熟知相关知识,对这道题你便占据了优势,也就有了区分度。

实际上,即使出题人什么都不暗示,也有一些固定的信息与规则对产物加以束缚。例如:

（1）氧化还原反应得失电子数必须相同,有化合价下降的元素,就意味着必有化合价上升的元素。到底是哪个元素的化合价上升、变成什么物质需要结合情境自行判断。

（2）产物中两种元素的原子数量比应与反应物相同。与反应物相比,一个产物中该比例上升了,另一个产物中该比例一定下降,具体也要结合情景自行判断。

例1 （2018 年初赛 1－2)将擦亮的铜片投入装有足量浓硫酸的大试管中,微热片刻,有固体析出但无气体产生,固体为 Cu_2S 与另一种白色物质的混合物。

这道题有一个关于颜色的"暗示":白色物质,且需要用到得失电子数守恒的规则。从这两条线索出发就很容易猜透出题人的暗示。

首先分析明确的生成物 Cu_2S。为了得到这个物质,2 个 Cu 各失 2 个电子($2Cu \rightarrow 2Cu^+$),1 个 S 得 8 个电子($SO_4^{2-} \rightarrow S^{2-}$)。也就是说,生成 1 mol Cu_2S 净得 6 mol 电子。因此这个白色物质必然是一个失电子的产物。结合涉及的元素,我们从知识库中寻找一个化合价偏高的白色物质,就很容易联想到无水硫酸铜了。

$$5Cu + 4H_2SO_4 =\!=\!= Cu_2S + 3CuSO_4 + 4H_2O$$

例2 （2015 年初赛 1－4)在水中,Ag_2SO_4 与单质 S 作用,沉淀为 Ag_2S,分离,所得溶液中加碘水不褪色。

这道题中有一个关于生成物性质的"暗示":不与碘水反应,且需要用到得失电子数守恒的规则。解这道题还是从这两条线出发。

首先分析明确的生成物 Ag_2S，生成 Ag_2S 需要净得 2 个电子，因此另一个物质必定是失电子的氧化产物。在 Ag、S、O 三种元素中，只有 S 元素化合价上升合理。结合"不能与碘水反应"的性质，氧化产物只能是 SO_4^{2-}，而不能是 $S_2O_3^{2-}$、SO_3^{2-} 等低价态物质。

$$3Ag_2SO_4 + 4S + 4H_2O \Longrightarrow 3Ag_2S + 4H_2SO_4$$

例 3 （2020 年初赛 2－3）硝酸铵爆炸分解产生红棕色烟雾，亚硝酸铵分解可用于充气，如乒乓球制造。

这道题需要结合颜色、物质用途与生活实际进行分析。

从颜色描述可知，硝酸铵分解得到 NO_2。因为硝酸铵中氮元素平均化合价为 $+1$，氧化还原反应中得失电子必须守恒，所以其他生成物必须发生还原反应。结合爆炸的情景描述，应该生成一种比较稳定的气体，因此答案为 N_2 比较合理。根据题目描述，亚硝酸铵分解只有产生一种无毒、稳定的气体才能用于充乒乓球。根据这个要求首先考虑生成 N_2：

$$4NH_4NO_3 \Longrightarrow 3N_2 + 2NO_2 + 8H_2O$$

$$NH_4NO_2 \Longrightarrow N_2 + 2H_2O$$

例 4 氨与三氟化硼的配合物 $H_3N\text{-}BF_3$ 加热易分解，只生成两种白色固体，判断这两种白色固体。

这道题有一个关于生成物性质的"暗示"，我们可以利用元素原子数量比巧妙解决。

根据题目的描述，$H_3N\text{-}BF_3$ 加热易分解，这表明生成的两种白色固体不容易热分解。根据元素信息，首先能推知固体之一为高温稳定的白石墨（BN）。由于不允许生成气体，基于元素守恒，另一种生成物的 $n(H):n(N)$ 或 $n(F):n(B)$ 必定大于 $3:1$，这样很容易就能想到是离子化合物 NH_4BF_4 了。

$$4H_3N\text{-}BF_3 \xrightarrow{\triangle} BN + 3NH_4BF_4$$

11.3 看懂出题人的态度与意图

在题干的描述中,题目中特殊的字词一般不会平白无故地出现,一些用词能从字里行间透露出题人的态度与意图。如果处理题目遇到困难,我们需要对个别词汇咬文嚼字,看看能否从用字词上判断出题人的态度与答案的走向。比如,"元素 A 能直接与元素 B 反应,生成 A 的最高价化合物 C",这段描述中"直接""最高价"两个词就渗透了出题人的态度,说明 B 很可能是最强的非金属元素——氟。如果题目强调某分子具有对称性结构,那么该分子大概率是正多边形或正多面体的结构;如果题目提到某物质具有挥发性,这就意味着该物质是由分子构成的,大概率具有非极性与高度对称性;如果题目提到某个反应是用来治理污染的,就要重点考虑生成物的环保性能,尤其不能生成更不好处理的有毒物质等。

例 5 (2019 年初赛第 4 题节选)氯酸钾(足量)在硫酸存在的情况下与黄铜矿($CuFeS_2$)反应可用于黄铜矿的溶解,请写出对应的离子反应方程式。

通过上下文得知,这个反应是用来替代传统"火法冶铜"的重污染工艺。即使氯酸钾是过量的,生成的 Cl_2 也不符合实际需求(Cl_2 远比 SO_2 更可怕),因此还原产物应考虑是无毒的 Cl^-。

$$6CuFeS_2 + 17ClO_3^- + 6H^+ \Longrightarrow 6Cu^{2+} + 6Fe^{3+} + 12SO_4^{2-}$$
$$+ 17Cl^- + 3H_2O$$

题目的设置不仅是对考生的考查,还能携带不少重要信息,供考生缩小推断范围,有时题眼甚至会出现在最后一问中。有些题目的问题本身就是存在性的证明。例如，题目要求画出物质 A 的结构，这意味着 A 是有分子结构的，而不是离子化合物；题目要求画出 B 的同分异构体，这意味着 B 至少要有 2 种以上的可能结构，这些信息可以预先用在之前的分析推测中。有些题目的问题必须对应一些"值得考"的点，否则这个问题会变得很荒谬。例如，题目要求判断物质 C 是否具有芳香性，这意味着 C 的真实结构即使不是芳香性，也应该与芳香结构差距不远，足以混淆视听；题目要求判断结构 D 是否具有旋光性，这意味着 D 的真实结构应具有一些对称性（例如旋转轴）与内部相似性，足以引发思考；题目要求比较物质 E 与 NH_3 的碱性强弱，这意味着 E 的真实结构需要有一部分与 NH_3 具有相似性……如果不是这样，这些问题问起来就没有任何意义。像前文中提到的"该酸是几元酸"也是这类问题，氢原子数与酸的元数不一致才是"值得考"的点。

幸运的话，从一些题目的描述中能看到出题人设的"陷阱"，或者发现出题人"自鸣得意"的地方。如果找到了这些"小心思"，基本说明推断的方向对了。我经常跟学生开玩笑地讲："我仿佛能够想象到，出题人一边编题一边满脸笑意的样子。"

这种"小心思"经常出现在示范例类型的题目中。这类题会先给你一些线索或教你一点儿知识，然后出题的时候会用到这些知识，相当于"现学现用"。实际上，出题人不可能让你直接套用示范例就能解决问题，这会显得题目很简单，但也不可能让题目的核心内容偏离示范例太远，这会使示范例失去作用。为了保持题目有一个正常难度，最终答案往往是在示范例的基础上做一些小改动，或者让示范例与你之前学过的内容进行联动。我们可以看看下面几道例题。

例 6 有人发现乙炔可与金属羰基化合物发生反应,结果生成环状化合物:

$$Fe(CO)_5 + CH \equiv CH \longrightarrow \underset{\substack{\text{OC} \diagdown \quad \diagup \text{CO} \\ \text{Fe} \cdots \text{CO}}}{} + CO$$

现做如下实验,将 $Fe(CO)_5$ 与 $C_2(CH_3)_2$ 一起在光照下反应,完毕后分离出产物 A,元素分析得出如下结果:Fe 18.4%,C 51.3%,H 3.9%。求 A 的结构式。

通过元素分析,可得知生成物中含有 5 个氧原子。相比示范例中的 4 个氧原子,多的 1 个氧原子是从哪里来的呢?

我们思考,该反应与示范例一定有类似之处,又不太可能原模原样照抄。既然示范例能在 2 个 C_2H_2 的右面插入 1 个羰基,也能在左面插入 1 个羰基,这样既不会照抄照搬,又让示范例发挥了应有的作用。

例 7 (2020 年初赛 10－3,节选)基于上面转化画出下面主要产物的结构简式。

$$\text{（左侧结构）} \xrightarrow[\text{HO-} \bigcirc \text{-Me}]{(F_3CCO)_2O} \quad ?$$

我们先观察左侧示范例中哪些结构发生了变化：首先硫氧双键消失了，在羟基的邻位出现了 1 个乙酰氧基。在正式考虑机理之前，我们先通过示范例估计一下转化形式：在示范例的两处变化中，乙酰氧基的产生一定与乙酸酐有关，属于与反应物相关的个性；硫氧键的消失则应当属于这类反应的共性。

右侧反应与示范例肯定有类似之处，又不可能完全照搬，因此大概率保留右侧硫氧键的共性变化，左侧发生新的改动，很可能与新反应物对甲基苯酚有关。这样我们便有了一个初步的框架。

标准答案如下：

12

大道至简——用一个字描述化学特征

牛顿曾说过："如果我看得比别人更远些,那是因为我站在巨人的肩膀上。"化学书籍中海量的知识堪比一名巨人,初学者若想与巨人交流,获得无穷的知识财富,就必须先掌握巨人的语言,其中最基本的就是物质的命名。

现代化学体系在19世纪传入中国,是彻底的"舶来品"。我国化学界曾对化学名词开展过音译与意译的大讨论,确定了化学名词中文翻译的大方向,建立了以意译为主、音译为辅的命名体系。特别地,涉及元素、物质的结构特征等常用词汇基本拒绝了整词音译,而是选出一个汉字作为代表。

将复杂的化学特征浓缩为一个字并非易事,每个字无不凝结了先辈科学家的良苦用心,有些字的创造与使用堪称神来之笔。所谓"大道至简",用单字构建的化学体系大大降低了学习化学的门槛,对我国基础化学教育十分有利。相比之下,日本化学学习门槛就高得多,由于元素名、物质名、物质结构等相关名词均是外文音译,专业名词一个比一个长,既难记又难读写。例如,在日本

钠写作"ナトリウム",镁写作"マグネシウム",铝写作"アルミニ
ウム"。可见,我国的先辈科学家在充满浪漫主义情怀的翻译背
后,同样有着百年后的远见。

下面我们逐字分析常见化学用字的含义与背景,希望对识记
这些物质有所帮助。

12.1　元素的用字

除了金、银、铜、铁、锡、铅、硫等古代就已经认识的元素,第一
批元素名称(包括氢、氧、钾、镁、钠、镍、锰等)来自近代化学先驱
徐寿的翻译。这些字为后续元素提供了本土化命名的大方向,很
多延续至今。1950年修订并出版的《化学物质命名原则》中明确
规定:"元素定名用字,以谐声为主,会意次之,但应避免同音字。
元素的名称用一个字表示。在普通情况下为气态者,从气;液态
者,从水;固态的金属元素,从金;固态的非金属元素,从石。"也就
是说,带"气"的元素常温下为气态,带"氵"的元素常温下为液态,
带"石"的元素为固态非金属,带"钅"的元素为金属。如此命名能
使初学者快速地从字形会意到元素的状态与性质,免去很多不必
要的记忆。

大多数元素名来自外文的音译,通过读音选取古字或直接发
明新字。一般来说,音译以英文单词为准,但也有不少元素用字
(包括元素符号)来自拉丁文的翻译,例如,钠和钾来自于拉丁文
"Natrium"与"Kalium"。少部分元素名来自意译,例如,氢取"轻"
之意,表示氢气密度很小;氧取"养"之意,表示能供给呼吸;氮取
"淡"之意,表示在空气中冲淡了氧气;氯取"绿"之意,表示绿色的
气体。

"氕""氘""氚"三字的命名十分有趣:气字头下方的内容既代

表着核素的质量,又代表"丿"(撇)、"刂"(刀)、"川"三字,而三字读音又与英文"protium""deuterium""tritium"相似,同时占据了音译与意译之妙。硅的命名则有一段风波:硅的英文"silicon"与硅的读音本没有关系。实际上,硅原本被译为"矽",但这与"锡"和"硒"两种元素读音相同,使用多有不便,故在1953年2月将其改为"硅"。硅元素与土有关,"圭"在古代指玉石,也与硅元素有关。

12.2 无机化合物的用字

即使到了化合物的层面,先辈化学家也能使用一个汉字命名。例如,氨原被译为"阿莫尼亚",大抵化学家们每天念四字词语厌烦了,就发明了"氨"字代替。类似地,"氰"字被发明出来代表−CN官能团;尿素(urea)的英文取"尿"之意,中文发明了一个霸气的字与之对应——脲。

不过,单字只能表示一些常见物质,无法覆盖所有的无机化合物。更多的化合物使用的是中文化的系统命名法,例如,"某化某""某酸某"就是初中化学介绍的简单命名方法。在此基础上,还有一些修饰用字能够用来细化无机化合物的组成与结构。

简单无机物命名时,每个元素都有一个基准化合价,这个基准本身不加任何称谓。比这个基准化合价高的常见化合价,被称为"高";比这个基准化合价低的,被称为"亚";比"亚"再低的,被称为"次"。这些基准化合价往往是国际约定俗成的:Fe为+3,S为+6,Cl、Br、I为+5,P为+5,Mn为+6,等等。例如,Fe^{2+}被称为"亚铁离子",Fe^{3+}被称为"铁离子",Fe还能形成化合价为+6的阴离子FeO_4^{2-},被称为"高铁酸根离子"。$HClO_3$被称为"氯酸"，化合价更高的 HClO$_4$ 被称为"高氯酸"，化合价更低的 HClO$_2$ 与 HClO 被称为"亚氯酸"和"次氯酸"。

表示简单无机酸的水合状态也沿袭了这个思路。对于每种物质也有一个基准的水合状态，这个基准也不加任何称谓（为了避免歧义，有时称为"正"）。同化合价的单原子含氧酸，若其含水量高于这个基准，则被称为"原"；若低于这个标准，则被称为"偏"；若是 2 分子正酸脱去 1 分子水，则被称为"焦"或"重"。例如，H$_2$SiO$_3$ 是硅酸，H$_4$SiO$_4$ 则被称为"原硅酸"（也有人将 H$_4$SiO$_4$ 作为基准，称 H$_2$SiO$_3$ 为"偏硅酸"）。HNO$_3$ 被称为硝酸，而同族的磷酸被称为 H$_3$PO$_4$，HPO$_3$ 只能被称为偏磷酸。H$_2$S$_2$O$_7$、H$_2$Cr$_2$O$_7$ 被称为焦硫酸与重铬酸。非基准化合价含氧酸也可能出现含水量的改变，例如，HIO$_4$、Na$_2$S$_2$O$_5$ 被称为偏高碘酸、焦亚硫酸钠等。

简单无机酸的命名法如图 12.1 所示。以磷元素、碘元素为例，图 12.2 列举了其含氧酸的命名方式。

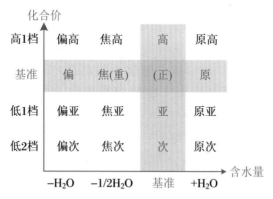

图 12.1　简单无机酸的命名法

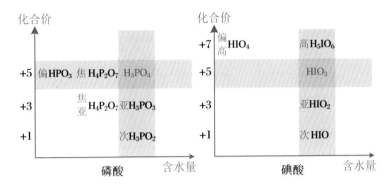

图 12.2　以磷元素、碘元素为核心的含氧酸

上述命名规则不适用于核心元素直接相连的含氧酸。由于核心元素直接相连，会使核心元素产生罕见的化合价，此时我们用"连"字表示这些化合物。例如，$H_2S_2O_6$ 被称为连二硫酸，$Na_2S_2O_4$ 被称为连二亚硫酸钠，$S_4O_6^{2-}$ 被称为连四硫酸根。

连二硫酸　　　　　　连二亚硫酸钠　　　　　　连四硫酸根

在中文命名系统中，非金属元素（原子团）的不同形态可通过替换偏旁部首的方法表示。在标准字形的基础上，将偏旁换为"钅"表示含有该元素的阳离子（也称"鎓离子"，其性质类似于金属阳离子），将偏旁换为"月"表示含有该元素的有机化合物。这些字的字音类似，只是平仄有所区别。常见化学用字及其含义如表 12.1 所示。

表 12.1　通过替换偏旁构造的化学用字及其含义

核心元素	标准字形	阳离子字形	有机物字形
N（−Ⅲ）	氨（NH_3）	铵（NH_4^+、NR_4^+）	胺（NR_3）
O	氧	锌（OR_3^+）	

核心元素	标准字形	阳离子字形	有机物字形
S	硫	锍（SR_3^+）	
P	磷	鏻（PH_4^+、PR_4^+）	膦（PR_3）
As	砷	钾（AsR_4^+）	胂（AsR_3）
—CN	氰		腈（$R-CN$）

12.3　有机化合物的用字

有机化合物中的组成、取代基与官能团也基本实现了用单个汉字表示。从偏旁上看，带"火"的字表示含碳化合物，带"羊"的字表示含氧官能团，带"酉"的字表示挥发性含氧化合物，带"艹"的字表示芳香化合物，带"口"的字表示杂环化合物，等等。

在此基础上，具体选字要依据音译或意译、古字新用或发明新字。

例如，"烃"由"火"（碳）与"圣"（氢）构成，表示碳氢化合物，其读音"tīng"也是源于"碳""氢"二字的快速连读。在烃类中，"烷""烯""炔"三字分别表示"完全氢化""稀少""缺少"，象征着烃中氢原子的数量由多至少。

"羟"与"羰"代表官能团—OH与C═O，其字形与读音（"qiǎng"与"tāng"）均来自"氢氧""碳氧"的缩写与连读。"羧"代表官能团—COOH，其字形与读音均来自"酸"字。

在酉字旁的字中，"酚"与"醌"来自音译，"醇""醛""醚"则来自意译。其中，"醇"与酒有关；"醛"来自康熙字典的记载："醛，酒之变也"，暗示着醛是醇的氧化产物；"醚"原指喝完酒后神志不清的样子，可形容乙醚的麻醉作用，故具有类似结构的物质统一叫作"醚"。

　　带"艹"的芳香化合物基本来自音译,例如苯、萘、菲、芘,而"茂"是个例外,茂指环戊二烯阴离子,故用戊字代表五元环。

　　下面列举一些能用一个汉字表示的芳香化合物结构。

　　(1) 单环芳香化合物:

苯　　　　茂　　　　草　　　　苄

（环戊二烯阴离子）（环庚三烯阳离子）（苯甲基）

　　(2) 双环芳香化合物:

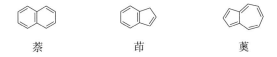

萘　　　茚　　　薁

　　(3) 三环芳香化合物:

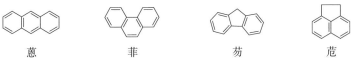

蒽　　　菲　　　芴　　　苊

　　(4) 四环芳香化合物:

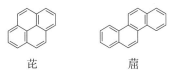

芘　　　䓛

　　(5) 多环芳香化合物:

苝　　　苉　　　蔻

　　值得注意的是,这些化合物不一定每个环都是芳香性的。

　　杂环化合物一般用两个"口"字旁的汉字表示,例如吡啶、呋喃、噻吩、嘌呤、噁唑等。这些字虽然来自英文翻译,但也有一些规律可循。从元素的角度,"吡"来自"pyr-"的音译,表示含氮化合物。"喃""噁"来自"-ran""ox-"的音译,表示含氧化合物。"噻"来自"thi-"的音译,表示含硫化合物。从结构的角度分析,"啶"来自"-dine"的音译,表示含一个杂原子的六元环;"唑"来自"-zole"的音译,表示含有两个杂原子的五元环;"嗪"来自"-zine"的音译,表示含有两个杂原子的六元环;"吩"来自"-phene"的音译,表示类苯的芳香化合物等。

　　(1) 常见的单环、杂环化合物命名:

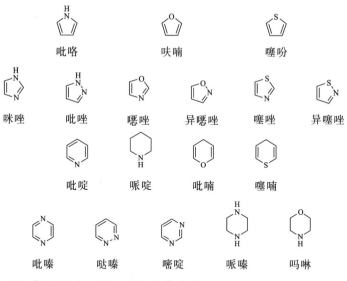

吡咯　　　　　　　呋喃　　　　　　　噻吩

咪唑　　吡唑　　噁唑　　异噁唑　　噻唑　　异噻唑

吡啶　　哌啶　　吡喃　　噻喃

吡嗪　　哒嗪　　嘧啶　　哌嗪　　吗啉

　　(2) 常见的多环、杂环化合物命名:

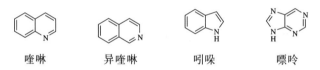

喹啉　　　　异喹啉　　　　吲哚　　　　嘌呤

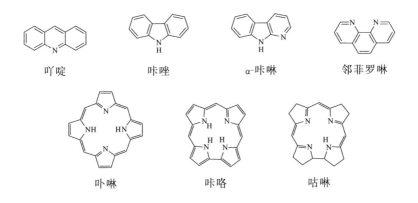

吖啶　　　　咔唑　　　　α-咔啉　　　　邻菲罗啉

卟啉　　　　咔咯　　　　咕啉

12.4　状态函数中的用字

状态函数一般用多字词语表示,例如温度、压强、比热容。不过,最常用的热力学函数"焓"和"熵"却使用单个汉字表示。焓的符号"H"取热量(heat)之意,熵的符号"S"则是为了纪念热力学创始人卡诺,焓与熵的拼音首字母与函数符号相同,有音译的成分。与此同时,焓与熵为"火"字旁,代表热力学函数,焓代表物质内部"包含"的能量,而熵代表可逆过程的热温商($dS = \delta Q / T$),又有意译的成分。